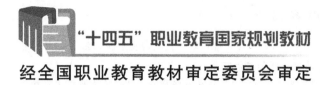

"十四五"职业教育国家规划教材

经全国职业教育教材审定委员会审定

LTE 移动网络规划与优化

主编　杨燕玲

北京邮电大学出版社

www.buptpress.com

内 容 简 介

本书全面、系统地阐述了第四代移动通信系统中 LTE 移动网络规划与优化的技术和方法。LTE 包括 FDD 和 TDD 两种模式,是目前中国第四代移动通信系统的主流技术。

本书共 5 章,包括 LTE 标准与关键技术、LTE 基本原理、LTE 移动网络规划、LTE 移动网络优化和第五代移动通信等内容。本书紧密结合当前 4G 网络规划与优化的需求,具有较强的实用性及系统性。

本书可作为高职高专院校通信技术、移动通信技术、通信工程设计与监理、电子信息等专业的"LTE 移动网络规划与优化"课程的教材,也可作为相关培训教材,还可作为通信行业工程技术和维护人员的参考书。

图书在版编目(CIP)数据

LTE 移动网络规划与优化 / 杨燕玲主编. -- 北京:北京邮电大学出版社,2018.8(2024.7 重印)
ISBN 978-7-5635-5588-8

Ⅰ. ①L… Ⅱ. ①杨… Ⅲ. ①无线电通信—移动网—高等职业教育—教材 Ⅳ. ①TN929.5

中国版本图书馆 CIP 数据核字(2018)第 206246 号

书　　名:LTE 移动网络规划与优化
著作责任者:杨燕玲　主编
责 任 编 辑:徐振华　孙宏颖
出 版 发 行:北京邮电大学出版社
社　　址:北京市海淀区西土城路 10 号(邮编:100876)
发 行 部:电话:010-62282185　传真:010-62283578
E-mail:publish@bupt.edu.cn
经　　销:各地新华书店
印　　刷:河北虎彩印刷有限公司
开　　本:787 mm×1 092 mm　1/16
印　　张:10.75
字　　数:264 千字
版　　次:2018 年 8 月第 1 版　2024 年 7 月第 9 次印刷

ISBN 978-7-5635-5588-8　　　　　　　　　　　　　　定　价:25.00 元

前　　言

由于移动通信技术的发展和市场需求的推动,我国的信息产业在过去的几年中发生了翻天覆地的变化。短短二十多年,从 2G、3G、4G,直至目前正在加速研究和推动进程的 5G,中国已经从原来的技术跟随者和被动接受者,变成国际标准的引领者和主导者。

目前,中国电信、中国移动、中国联通三大运营商基本完成或正在完成移动通信网络的升级换代,2G、3G 正在逐步退出历史舞台,LTE 网络已经成为目前中国的主流通信技术承载网络。LTE 网络的建设已经开始从覆盖重点区域发展到广覆盖的阶段,LTE 网络建设的加速推进和大规模发展急需大量的网络规划和优化人才。

在网络建设前期,网络规划工作根据无线接入网的技术特点、射频要求、无线传播环境等条件,运用一系列规划方法,设计出合适的基站位置、基站参数、系统参数等,以满足网络覆盖、容量和质量等方面的要求。在网络运营中,需要持续进行网络优化工作,根据系统的实际表现和实际性能,对系统进行分析,通过对网络资源和系统参数的调整,使系统性能逐步得到改善,达到系统现有配置条件下的最优服务质量。因此,网络规划与优化是 LTE 网络建设和运营过程中的重要工作内容,通信专业人员必须掌握网络规划与优化的知识与方法。

目前,LTE 移动网络规划与优化已经成为移动通信领域的一门核心课程,是通信技术专业、移动通信技术专业、通信工程设计与监理专业等的必修课,各高职院校通信类专业都已经开设了相关课程,通过该课程的学习,可以使学生进一步加深对移动通信的理解,培养学生无线通信网络规划与优化方面的专业素养。

本书内容翔实丰富,循序渐进,以 LTE 网络规划与优化为主要内容,以目前市场主流技术 LTE 为对象,将无线网络规划与优化的基本理论、实际的网络规划和网络优化经验与LTE 技术相结合,详细地介绍了 LTE 移动网络的规划与优化的理论与方法。

本书可作为高职高专院校电子信息、通信技术等专业的教材,也可作为从事通信系统建设、网络规划设计、网络优化等通信工程领域相关技术人员的参考书。

目　　录

第1章 LTE标准与关键技术

【本章内容简介】

长期演进(Long Term Evolution,LTE)包括 FDD 和 TDD 两种模式,是目前中国第四代移动通信系统的主流技术。本章主要介绍移动通信技术发展与 LTE 标准演进、多址接入、MIMO、高阶调制、HARQ、干扰抑制、语音解决方案、SON 等关键技术。

【本章重点难点】

LTE 标准及其演进、多址接入、MIMO、高阶调制、HARQ。

1.1 移动通信技术发展与 LTE 标准演进

1.1.1 移动通信发展简史

1897 年,意大利电气工程师伽利尔摩·马可尼(Guglielmo Marconi,1874—1937 年)在陆地和一只拖船之间用无线电进行了消息传输,移动通信从此诞生。但是移动通信真正的繁荣是从 20 世纪 70 年代末开始的,从第一代模拟蜂窝网电话系统、第二代数字蜂窝网电话系统、第三代移动通信系统,到目前商用的第四代移动通信系统,移动通信技术迅猛发展并不断完善,第五代移动通信系统的研究和试验也开始紧锣密鼓地进行。

1. 第一代移动通信系统

20 世纪 70 年代末,美国 AT&T 公司研制了第一套蜂窝移动电话系统,即 AMPS(Advanced Mobile Phone Service,先进的移动电话服务)。第一代蜂窝移动技术去除了电话机与网络之间的用户线,用户第一次能够在移动的状态下拨打电话。这一代移动通信系统主要有 3 种窄带模拟系统标准,即北美蜂窝系统 AMPS、北欧移动电话系统 NMT 和全接入通信系统 TACS。中国采用的主要是 TACS 制式,频段为 890~915 MHz/935~960 MHz。第一代移动通信的各种蜂窝网系统只能提供基本的语音业务,不能提供非语音业务,并且保密性差,容易并机盗打,它们之间还互不兼容,使得移动用户无法在各种系统之间实现漫游。

2. 第二代移动通信系统

为解决由于采用不同模拟蜂窝系统造成互不兼容、无法漫游的问题,1982 年北欧四国向欧洲邮电行政大会(Conference Europe of Post and Telecommunications, CEPT)提交了一份建议书,要求制定 900 MHz 频段的欧洲公共电信业务规范,建立全欧洲统一的蜂窝网移动通信系统;同年,欧洲"移动通信特别小组"(Group Special Mobile, GSM)成立,后来GSM 的含义演变为"全球移动通信系统"(Global System for Mobile Communications)。第二代移动通信数字无线标准主要有 GSM、D-AMPS、PDC 和 IS-95 CDMA 等。我国第二代移动通信系统以 GSM 和 CDMA 为主。为了适应数据业务的发展需要,在第二代技术中还诞生了 2.5G、2.75G,也就是 GSM 的 GPRS、EDGE 和 CDMA 系统的 IS-95B、1x 等技术,这些技术提高了数据传送能力。第二代移动通信系统在引入数字无线电技术以后,数字蜂窝移动通信系统提供了更好的网络,不但改善了语音通话质量,提高了保密性,防止了并机盗打,而且为移动用户提供了无缝的国际漫游。

3. 第三代移动通信系统

第三代移动通信技术也就是 IMT-2000(International Mobile Telecommunications-2000),也称为 3G(3rd-Generation)。相比第二代移动通信系统,它能提供更高的速率、更好的移动性和更丰富的多媒体综合业务。最具代表性的技术标准有美国提出的 cdma2000、欧洲提出的 WCDMA 和中国提出的 TD-SCDMA。

(1) cdma2000

cdma2000 由美国牵头的 3GPP2(3rd Generation Partnership Project 2)提出,是由 IS-95 系统演进而来的,并向下兼容 IS-95 系统。cdma2000 系统继承了 IS-95 系统在组网、系统优化方面的经验,并进一步对业务速率进行了扩展,同时通过引入一些先进的无线技术,进一步提升了系统容量。在核心网络方面,它继续使用 IS-95 系统的核心网作为其电路域来处理电路型业务,如语音业务和电路型数据业务,同时在系统中增加分组设备〔分组数据服务节点(Packet Data Serving Node, PDSN)和分组控制功能块(Packet Control Function, PCF)〕来处理分组数据业务。因此在建设 cdma2000 系统时,原有的 IS-95 的网络设备可以继续使用,只要新增加分组设备即可。在基站方面,由于 IS-95 与 1x 的兼容性,运营商只要通过信道板和软件更新即可将 IS-95 基站升级为 cdma2000 1x 基站。在我国,中国电信采用 cdma2000 技术标准。

(2) WCDMA

欧洲电信标准委员会在 GSM 之后就开始研究其 3G 标准,其中有几种备选方案是基于直接序列扩频码分多址的,而日本的第三代研究也是使用宽带码分多址技术的,其后,以二者为主导进行融合,在 3GPP(3rd Generation Partnership Project)组织中发展成了通用移动通信系统(Universal Mobile Telecommunications System, UMTS),并提交给国际电信联盟(ITU)。ITU 最终接受 WCDMA 作为 IMT-2000 标准的一部分。WCDMA 是世界范围内商用最多、技术发展最为成熟的 3G 制式。在我国,中国联通在 2008 年电信行业重组之后开始建设 WCDMA 网络。

(3) TD-SCDMA

TD-SCDMA 是我国提出的第三代移动通信标准,也是 ITU 批准的 3 个 3G 标准之一,是以我国知识产权为主的,在国际上被广泛接受和认可的无线通信国际标准。TD-SCDMA

技术标准的提出是我国电信史上重要的里程碑。相对于另两个 3G 标准（即 cdma2000 和 WCDMA），TD-SCDMA 起步较晚。

该标准的原标准研究方为西门子。为了独立出 WCDMA，西门子将其核心专利卖给了大唐电信。1998 年 6 月 29 日，原中国邮电部电信科学技术研究院（现大唐电信科技产业集团）向 ITU 提出了该标准。该标准将智能天线、同步 CDMA 和软件无线电（Software Defined Radio，SDR）等技术融于其中。

TD-SCDMA 的发展过程始于 1998 年年初，在当时的邮电部科技司的直接领导下，由原电信科学技术研究院组织队伍在 SCDMA 技术的基础上，研究和起草符合 IMT-2000 要求的我国主导的 TD-SCDMA 建议草案。该标准草案以智能天线、同步码分多址、接力切换、时分双工为主要特点，于 ITU 征集 IMT-2000 第三代移动通信无线传输技术候选方案的截止日 1998 年 6 月 30 日提交到 ITU，从而成为 IMT-2000 的 15 个候选方案之一。ITU 综合了各评估组的评估结果，在 1999 年 11 月赫尔辛基 ITU-RTG8/1 第 18 次会议上和 2000 年 5 月伊斯坦布尔 ITU-R 全会上，正式接纳 TD-SCDMA 作为 CDMA TDD 制式的方案之一。2001 年 3 月包含 TD-SCDMA 标准在内的 3GPPR4 版本规范被正式发布，TD-SCDMA 在 3GPP 中的融合工作达到了第一个目标。

至此，TD-SCDMA 不论在形式上还是在实质上，都已在国际上被广大运营商、设备制造商所认可和接受，成为真正的国际标准。

但是，由于 TD-SCDMA 的起步比较晚，技术发展成熟度不及其他两大标准，同时由于市场前景不明朗导致相关产业链发展滞后，最终全球只有中国移动一家运营商部署了商用 TD-SCDMA 网络。

4. 第四代移动通信系统

从核心技术来看，通常所称的 3G 技术主要采用 CDMA（Code Division Multiple Access，码分多址）技术，而业界对第四代移动通信核心技术的界定则主要是指采用 OFDM（Orthogonal Frequency Division Multiplexing，正交频分复用）调制技术的 OFDMA 多址技术，可见 3G 和 4G 最大的区别在于采用的核心技术已经完全不同。从核心技术的角度来看，LTE、WiMAX（802.16e）及其后续演进技术 LTE-Advanced 和 802.16m 等均可以视为 4G；不过从标准的角度来看，ITU 对 IMT-2000（3G）系列标准和 IMT-Advanced（4G）系列标准的区分并不是以采用何种核心技术为准的，而是以能否满足一定的参数要求来区分的。ITU 在 IMT-2000 标准中要求，3G 必须满足传输速率在移动状态 144 kbit/s、步行状态 384 kbit/s、室内 2 Mbit/s，而 ITU 的 IMT-Advanced 标准中则要求 4G 在使用 100 MHz 信道带宽时，频谱利用率达 10 bit/(s·Hz)，理论传输速率达到 1 000 Mbit/s。

LTE 分为 TDD（时分双工）和 FDD（频分双工）两种双工方式，其中时分双工方式更适用于非对称频谱。

2010 年 10 月的 ITU-R WP5D 会议上，LTE-Advanced 技术和 802.16m 技术被确定为最终的 IMT-Advanced 阶段国际无线通信标准。我国主导发展的 TD-LTE-Advanced 技术通过了所有国际评估组织的评估，被确定为 IMT-Advanced 国际无线通信标准之一。

图 1.1.1 是从 2G 到 4G 主流移动通信系统的演进路线。

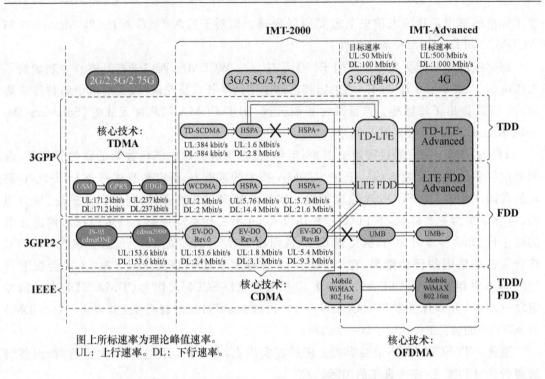

图 1.1.1　2G 到 4G 主流移动通信制式演进图

从图 1.1.1 可以看出：

① 以阵营划分，GSM、TD-SCDMA、LTE 属于 3GPP，CDMA、cdma2000 1x 和 cdma2000 EV-DO 属于 3GPP2，WiMAX 802.16e、802.16m 属于 IEEE；

② 以技术阶段划分，GSM，CDMA，cdma2000 1x 属于 2G，WCDMA、cdma2000 EV-DO、TD-SCDMA 属于 3G，TD-LTE、LTE FDD 可以认为是 3.9G 或准 4G，TD-LTE-Advanced、LTE FDD Advanced 属于 4G；

③ 以双工方式划分，GSM、CDMA、cdma2000 1x 和 cdma2000 EV-DO、WCDMA、LTE FDD、LTE FDD Advanced 属于频分双工，TD-SCDMA、TD-LTE、TD-LTE-Advanced 属于时分双工，WiMAX 则有 TDD 和 FDD 两种双工方式；

④ 以核心技术划分，GSM 的核心技术是时分多址（TDMA），CDMA、cdma2000 1x 和 cdma2000 EV-DO、WCDMA、TD-SCDMA 则采用了码分多址（CDMA）技术，TD-LTE、LTE FDD、TD-LTE-Advanced、LTE FDD Advanced、WiMAX 802.16e、WiMAX 802.16m 均采用了正交频分多址（OFDMA）技术。

5. 第五代移动通信（5G）的研究和推进工作

目前世界各国的第五代移动通信技术的研究已经加快步伐，5G 网络的研究和试验正在快速推进。2017 年 12 月，3GPP 分组大会宣布第一个 5G 国际标准 3GPP R15 的非独立组网（Non-standalone，NSA）5G 新空口标准正式完成并冻结，为尽快实现 5G 预商用奠定了基础。3GPP 在继续推进 5G 标准化方面明确了 3 个重要方向，包括：

① 完善 5G 新空口非独立组网规范，利用现有 LTE 核心网实现 5G 商用部署；

② 制定基于下一代核心网的 5G 新空口独立组网（Standalone，SA）规范；

③ 为 5G 在 3GPP Release-16 及未来版本中的演进工作做好准备,以进一步扩展 5G 生态系统。

2018 年 6 月,3GPP 全会(TSG♯80)批准了第五代移动通信技术标准新一代无线接入网(New RAN,NR)独立组网功能冻结。至此,5G 已经完成第一阶段全功能标准化工作,进入了产业全面冲刺新阶段。

我国的移动通信发展在经历了 2G 追赶、3G 突破之后,当前 4G 网络正处在大规模部署阶段。面对 5G 新的发展机遇,我国政府积极组织国内各方力量,开展国际合作,共同推动 5G 国际标准的发展。2013 年,工信部、科技部、发改委联合成立了 IMT-2020(5G)推进组,推动中国 5G 标准和产业化工作。2018 年中国电信、中国移动、中国联通三大运营商开始部署 5G 无线网、传输网、核心网和业务平台的试点组网建设工作,继续推动 5G 产业端到端的成熟,加快实现 5G 规模商用。

1.1.2　LTE 标准及其演进

LTE 是 3GPP 主导的通用移动通信系统技术的长期演进。LTE 分为 LTE FDD 和 TD-LTE 两个版本,LTE FDD 是 FDD 版本的 LTE 技术,而 TD-LTE(TD-SCDMA Long Term Evolution,TD-SCDMA 长期演进)是 TDD 版本的 LTE 技术。LTE 关注的核心是无线接口和无线组网架构的技术演进问题。

从 2006 年 9 月到 2008 年 12 月是 LTE 标准制定阶段,即 WI 阶段(Work Item Stage)。由于对物理层技术的选用存在很大的争议,以及由于 LTE 的帧结构确定不下来,原定于 2007 年 9 月完成的第一个商用协议版本到了 2008 年年底才得以推出。此次推出的版本采用了融合后的技术方案,适用于 TDD 和 FDD 两种双工方式。

LTE 主要涉及 TS36.×××系列协议,其中,TS(Technical Specification)属技术协议细则类型,如 LTE 系统整体描述报告(TS36.300)。

随后,LTE 通过国际电信联盟的认证,成为国际通用标准。

LTE 标准各版本的制定时间如图 1.1.2 所示。

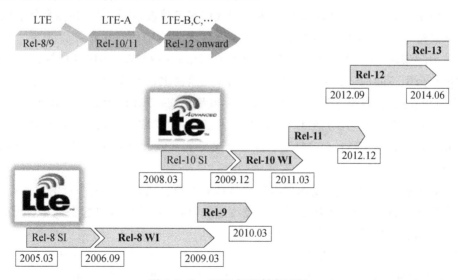

图 1.1.2　LTE 标准制定过程

为了满足更多的应用场景和市场需求，3GPP 在 R14 中对 NB-IoT 应用了一系列增强技术，并于 2017 年 6 月完成了核心规范。增强技术增加了定位和多播功能，提供更高的数据速率，在非锚点载波上进行寻呼和随机接入，增强连接态的移动性，支持更低 UE 功率等级。

1.2　LTE 关键技术

1.2.1　多址接入

传输技术和多址技术是无线通信技术的基础。传统的通信系统（如 GSM）采用单载波传输，这种系统在数据速率不高时，信号带宽小于信道的相干带宽，接收端符号间干扰（Inter Symbol Interference, ISI）不严重，只要采用简单的均衡器（equalizer）就可以消除符号间干扰。随着数据速率的提高，信号带宽大于信道的相关带宽，均衡器的抽头数量增加和运算的复杂性提高，使用均衡器已经无法消除 ISI。为了解决这一问题，LTE 系统采用了多载波传输技术，下行采用正交频分多址（Orthogonal Frequency Division Multiple Access, OFDMA），上行采用单载波频分多址（Single Carrier Frequency Division Multiple Access, SC-FDMA），保证了不同频谱资源用户之间的正交性，以取得更好的频谱效率和较好地避免符号间干扰。

1. 正交频分多址

OFDMA 的技术基础是正交频分复用（Orthogonal Frequency Division Multiple, OFDM）技术。OFDM 技术被公认为未来移动通信的核心技术，成为现在以及未来的研究方向。OFDMA 的一个传输符号包括 N 个正交的子载波，实际传输中，这 N 个正交的子载波是以并行方式进行传输的，真正体现了多载波的概念。

从频域上看，多载波传输将整个频带分割成许多子载波，将频率选择性衰落信道转化为若干平坦衰落子信道，从而能够有效地抵抗无线移动环境中的频率选择性衰落。由于子载波重叠占用频谱，OFDMA 能够提供较高的频谱利用效率和较高的信息传输速率。通过给不同的用户分配不同的子载波，OFDMA 提供了天然的多址方式，并且由于占用不同的子载波，用户间相互正交，没有小区内干扰。在实际使用中，位于频谱中央的子载波（称为直流子载波或 DC 子载波）留空不用，然后将 N（N 应为偶数）个子载波分别映射到高频谱部分和低频谱部分。对于 LTE 系统，20 MHz 小区带宽支持的子载波个数为 1 200 个。OFDM 频域波形如图 1.2.1 所示。

从时域上看，多载波传输技术把高速的串行数据流变成几个低速并行的数据流，同时去调制几个载波，这样在每个载波上的符号宽度增加，信道时延扩展引起 ISI 减小，同时，由衰落或干扰引起接收端的错误得以分散。

OFDM 将串行数据并行地调制在多个正交的子载波上，这样可以降低每个子载波的码元速率，增大码元的符号周期，提高系统的抗衰落和抗干扰能力，同时由于每个子载波的正

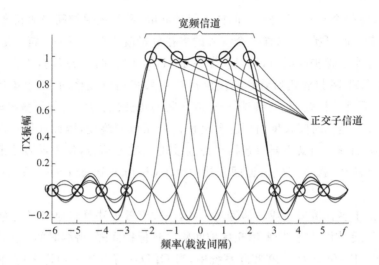

图 1.2.1　OFDM 频域波形示意图

交性大大提高了频谱的利用率,所以 OFDM 非常适合移动场合中的高速传输。OFDM 的调制和解调是分别基于快速傅里叶逆变换(Inverse Fast Fourier Transform,IFFT)和快速傅里叶变换(Fast Fourier Transform,FFT)来实现的,如图 1.2.2 所示。

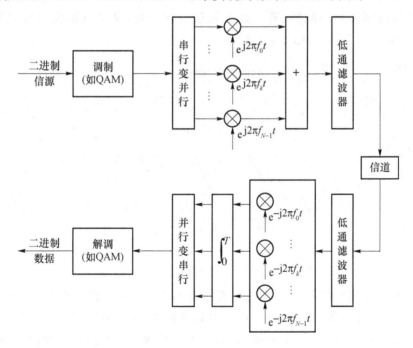

图 1.2.2　OFDM 原理图

无线多径信道会使通过它的信号出现多径时延,这种多径时延如果扩展到下一个符号,就会造成符号间串扰,严重影响数字信号的传输质量。采用 OFDM 技术的最主要原因之一是它可以有效地对抗多径时延扩展。把输入的数据流经过串/并变换分配到 N 个并行的子信道上,使得每个用于调制子载波的数据符号周期可以扩大为原始数据符号周期的 N 倍,因此时延扩展与符号周期的比值可降低为 $1/N$。在 OFDM 系统中,为了最大限度地消除符号间干扰,可以在每个 OFDM 符号之间插入保护间隔,而且该保护间隔的长度 T_g 一般要大于无线信道的最大时延扩展,这样一个符号的多径分量就不会对下一个符号造成干扰。

当多径时延小于保护间隔时,可以保证在 FFT 的运算时间长度内,不会发生信号相位的跳变。因此,OFDM 接收机所看到的仅仅是存在某些相位偏移的、多个单纯连续正弦波形的叠加信号,而且这种叠加不会破坏子载波之间的正交性。然而,如果多径时延超过了保护间隔,则在 FFT 运算时间长度内可能会出现信号相位的跳变,因此在第一路径信号与第二路径信号的叠加信号内就不再只包括单纯连续正弦波形信号,从而导致子载波之间的正交性有可能遭到破坏,就会产生信道间干扰(Inter Channel Interference,ICI),使得各载波之间产生干扰。

为了消除由于多径传播造成的信道间干扰,一种有效方法是将原来宽度为 T 的 OFDM 符号进行周期扩展,用扩展信号来填充保护间隔。将保护间隔(持续时间 T_g)内的信号称为循环前缀(Cyclic Prefix,CP)。在实际系统中,当 OFDM 符号送入信道之前,首先要加入循环前缀,然后进入信道进行传送。在接收端,首先将接收符号开始的宽度为 T_g 的部分丢弃,然后将剩余的宽度为 T 的部分进行傅里叶变换,再进行解调。在 OFDM 符号内加入循环前缀可以保证在一个 FFT 周期内,OFDM 符号的时延副本内所包含的波形周期个数是整数,这样时延小于保护间隔 T_g 的时延信号就不会在解调过程中产生信道间干扰。即 LTE 采用循环前缀做保护间隔,既可以消除信道间干扰,又可以消除符号间干扰(Inter Symbol Interference,ISI),如图 1.2.3 所示。

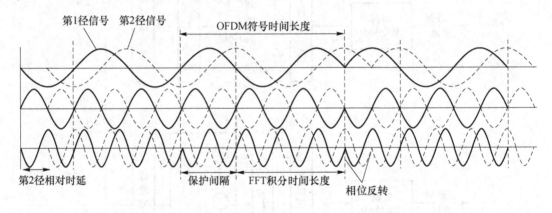

图 1.2.3　OFDM 的循环前缀和保护间隔

综上所述,一个完整的 OFDM 系统原理如图 1.2.4 所示。源信号在进行信道编码、交织,插入 CP 后,采用 OFDM 调制技术进行多载波调制,输入的已经过调制的复信号经过串/并变换后,进行 IFFT 和并/串变换,然后插入保护间隔,经过数/模变换后形成 OFDM 调制后的信号,再经过模/数变换经由天线发射出去。该信号经过信道后,接收到的信号经过模/数变换,去掉保护间隔,以恢复子载波之间的正交性,经过串/并变换和 FFT 后,恢复出 OFDM 的调制信号,再经过并/串变换还原出输入信号。

尽管 OFDM 技术在频谱效率提高和干扰消除等方面有其独特的优势,但是也应该看到,由于 OFDM 的子载波互相交叠,只有保证接收端精确的频率取样,才能避免子载波间干扰。这样带来了 OFDM 对于频率偏移的敏感;同时,由于 OFDM 的子载波正交性要求信号落入 FFT 窗口内,提高了 OFDM 对于时间同步的要求。由于 OFDM 发送端输出信号是多个子载波相加的结果,目前应用的子载波数量从几十个到几千个,如果各个子载波同相位,相加后就会出现很大的幅值,即调制信号的动态范围很大,这高峰均比的特性对后级 RF (射频)功率放大器的设计提出了很高的要求。

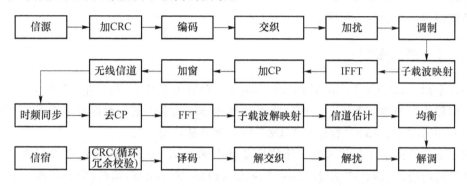

图 1.2.4　OFDM 系统原理基本框图

2. 单载波频分多址

和其他多址接入方式 TDMA、FDMA、CDMA、OFDMA 一样,SC-FDMA 主要是针对多用户共享通信资源所提出的。SC-FDMA 的提出是以 OFDMA 为基础的,是针对 OFD-MA 的缺点而提出的一种新的解决方案。

SC-FDMA 采用单载波的方式,与 OFDMA 相比具有较低的峰值平均功率比(Peak to Average Power Ratio,PAPR,简称峰均比),比多载波系统的 PAPR 低 1～3 dB。较低的 PAPR 可以使移动终端在发送功效方面得到较多的好处,进而可以延长电池的使用时间。SC-FDMA 具有单载波的低 PAPR 和多载波的强韧性这两大优势,因此,LTE 上行链路传输选用了 SC-FDMA。

TD-LTE 中所采用的 SC-FDMA 又称为单载波 DFT-S-FDMA(离散傅里叶变换扩频的正交频分复用多址接入),采用基于 DFT(Discrete Fourier Transform,离散傅里叶变换)的频域实现方式,从系统实现上来看,增加了 DFT 模块,信号在调制之前先进行了 DFT 的转换,从时域变换到频域,再映射到频域的子载波上,解决了 OFDM 系统在 N 点 IDFT(Inverse Discrete Fourier Transform,离散傅里叶逆变换)输出端的每个符号作为 M 个独立变量的和,并且会逐渐地逼近高斯形态形成高包络变量的问题,其他处理与 OFDM 完全一致,如图 1.2.5 所示。

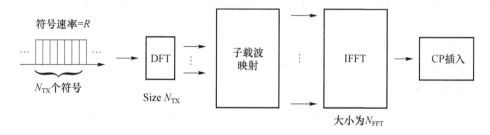

图 1.2.5　SC-FDMA 系统实现

DFT预编码器的作用主要包括两个方面：一方面，该预编码方式能够重建信号包络的单载波方面的特性，缓解OFDMA信号所带来的PAPR问题；另一方面，DFT表现出一种扩散性，就像其他预编码器一样。结果为每一个调制符号都被扩展到M个子载波上。这会引入内建的频率多样性，因为丢失一个子载波上的信息并不会像在OFDMA系统中那样，丢失该调制符号中的所有信息。

1.2.2　多入多出

多入多出（Multiple Input Multiple Output，MIMO）是指在发送端有多根天线，在接收端也有多根天线的通信系统。一般将在发射端和接收端中的某一端拥有多天线的多入单出（MISO）、单入多出（SIMO）看作是MIMO的一种特殊情况。

图1.2.6给出了4种基本的无线信号发射-接收模型，每个箭头表示两根天线之间所有信号路径的组合，包括直接视线（Line-of-Sight，LOS，又称视距）路径（应当存在一个），以及由于周围环境的反射、散射和折射产生的大量多径信号。图1.2.6中包含：

- SISO（Single Input Single Output）；
- SIMO（Single Input Multiple Output）；
- MISO（Multiple Input Single Output）；
- MIMO（Multiple Input Multiple Output）。

后3种是通常所说的多天线技术。TD-LTE系统的发射机天线数量配置为1、2、4，接收机天线数量配置为1、2、4，典型配置为下行链路2×2，上行1×2。同时，TD-LTE系统支持采用8天线的智能天线技术。

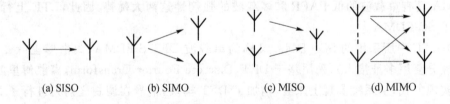

(a) SISO　　　　(b) SIMO　　　　(c) MISO　　　　(d) MIMO

图1.2.6　无线信号发射-接收模型

我们所说的MIMO通常指两个或多个发射天线和两个或多个接收天线的模式。该模式并非MISO和SIMO的简单叠加，因为多个数据流在相同频率和时间被同时发射，所以充分利用了无线信道内不同路径的优势。MIMO系统内的接收器数必须不少于被发射的数据流数。

MIMO在LTE中的应用模式主要有两种，一种用于提高链路质量，即MIMO发射分集；另一种用于提高数据传输速率，即MIMO空分复用。

1. 空间分集

空间分集主要是利用空间信道的弱相关性，结合时间或频率上的选择性，为信号的传递提供更多副本，提高信号传输的可靠性，从而改善接收信号的信噪比。

在低速移动通信的场景中，多径效应与时变性可导致信号相位叠加后畸变失真，从而使得接收端无法正确解调。应用空间分集技术可以为接收机提供其他衰减程度较小的信号副本,其基本原理是将接收端多个不相关的信号按一定规则合并起来,使得其组合后能还原信号本身。

空间分集技术可以分为发射分集和接收分集两种。发射分集就是在发射端使用多副发射天线发射相同的信息,接收端获得比单天线高的信噪比。接收分集则是多个天线接收来自多个信道的承载同一信息的多个独立的信号副本,由于信号不可能同时处于深衰落情况中,因此在任一给定的时刻至少可以保证有一个强度足够大的信号副本提供给接收机使用。实践证明,在发射端使用两副天线发送信号与在接收端使用两副天线接收信号可以获得相同的分集增益。LTE 系统在上行链路中采用接收分集可有效降低手机发射功率。

为了进一步增强抗衰落效果,可以对信息本身进行处理。例如,在调整循环时延分集技术中,创建不同时延的信息副本,然后通过不同天线与原信息一同发送。再如,在空时或空频分组编码技术中,在第一根天线上传输原信号,在第二根天线上传输原信号的交织、共轭或取反后的副本信息;另外也可以将串/并处理后的信号调制在不同的子载波上,然后在不同天线中进行发射。

目前 LTE 空间分集技术具有代表性的主要有空时/空频分组编码(Space-Time-Frequency Block Coding,ST/FBC)、循环延时分集(Cyclic Delay Diversity,CDD)和天线切换分集这 3 种。

2. 空分复用

LTE 实现 MIMO 技术的关键在于有效避免天线之间的干扰(Inter-Antenna Interference,IAI),区分多个并行的数据流,为此需要采用基于多码字传输的空分复用技术。

空分复用是一种利用空间信道弱相关性的技术,其主要工作原理是在多个相互独立的空间信道上传输不同的数据流,从而提高数据传输的峰值速率。

空分复用基于多码字的同时传输,即多个相互独立的数据流映射到不同的层:对于来自上层的数据,进行信道编码,形成码字,然后对不同的码字进行调制,产生调制信号,再将这些调制信号组合在一起并进行层映射,最后对层映射后的数据进行预编码,映射到天线端口上发送。在不增加系统带宽的前提下,空分复用可以成倍地提高系统传输速率。

上面所说多码字是指用于空间传输的多层数据来自于多个不同的独立进行信道编码的数据流,每个码字可以独立地进行速率控制,分配独立的混合重传请求(Hybrid Automatic Repeat reQuest,HARQ)进程。UE 通过测量下行参考信号估计下行无线信道质量,EPC 按 eNodeB 和 UE 所处的相对位置,依照双方的天线配置为其选择合适的传输模式,通过闭环或开环的空分复用匹配时变的信道,以增加系统的自由度来谋求频谱效率的极大化。

3. 预编码

如前所述,MIMO 信道可以等效为多个并行的子信道,系统容量与各个子信道的特征值有关。如果发射机能提前通过某种方式获得一定的信道状态信息(Channel State Information,CSI),就可以通过一定的预处理方式对各个数据流的功率/速率,甚至发射方向进行优化,并有可能通过预处理在发射机上预先消除数据流之间的部分或全部干扰,以获得更好的性能,这就是所谓的预编码技术。

在预编码系统中,发射机可以根据信道条件,对发送信号的空间特性进行优化,使发送信号的空间分布特性与信道条件相匹配,以降低对算法的依赖程度,获得较好的性能。预编码可以采用线性或非线性方法,目前无线通信系统中只考虑线性方式,使用线性方式处理时所采用的矩阵被称为预编码矩阵。根据使用的预编码矩阵集合的特点,可以将预编码分类为非码本方式的预编码和基于码本的预编码,基于码本的预编码有预先设定的码本,可用的矩阵只能从码本中选取,并由 UE 反馈矩阵编号;相对应地,非码本方式的预编码并不对可选用的预编码矩阵个数进行限制,利用获取的信道信息生成所需预编码矩阵,由于减少了上行反馈开销,故有利于下行矩阵的灵活选择。

LTE Rel-08 中定义了基于码本预编码的多用户 MIMO 传输模式(模式 6),其下行波束成形和解调基于公用参考信号,采用单用户 MIMO 优化的码本,每个用户的发送预编码的矢量从固定的码本中选取。由于没有与其共同调度的用户相关的下行信令,限制了基于用户的干扰抑制/消除的有效性,基站最多只能同时调度两个用户。LTE-A 多用户 MIMO 的应用对基站获取信道信息的能力提出了更高的要求,需要知道共同调度的用户所带来的干扰,采用了基于正交解调参考信号(Demodulation Reference Signal,DMRS)的预编码方式。

3GPP 共提出 9 种多天线的下行传输模式,其中 Rel-09 版本中增加了第 8 种模式,这种模式为 UE 专用参考信号提供双流波束赋形的传输。而 Rel-10 版本增加了第 9 种模式,该模式对秩为 8 的单用户 MIMO 传输以及单用户与多用户 MIMO 动态切换进行了规定。LTE 传输模式如表 1.2.1 所示。

表 1.2.1 LTE 传输模式表

传输模式	说　明	应用场景	相关版本
TM1	单天线端口(端口 0)	兼容单天线传输的场合,多用于室分站	Rel-08
TM2	发送分集	适合于小区边缘信道情况比较复杂、干扰较大的情况,有时候也用于高速移动的情况	Rel-08
TM3	开环空分复用或发送分集	可支持模式内流间自适应,适用于终端(UE)高速移动的情况	Rel-08
TM4	闭环空分复用或发送分集	可支持模式内流间自适应,适用于信道条件较好的场合,用于提供较高的数据率传输	Rel-08
TM5	多用户 MIMO	主要用来提高小区的吞吐量	Rel-08
TM6	闭环空分复用	主要适合于小区边缘的情况(单流)	Rel-08
TM7	单流波束赋形(端口 5)	单天线波束赋形(Beamforming),主要针对小区边缘,能够有效对抗干扰	Rel-08
TM8	双流波束赋形	可支持模式内流间自适应,可用于小区边缘,也可以应用于其他场景	Rel-09
TM9	替代 TM3、TM4、TM5 等早期版本的改进型模式	LTE-A 中新增加的一种模式,可以支持最大到 8 层的传输,主要为了提升数据传输速率	Rel-10

其中,模式 1 虽然无法使用预编码和发射分集技术,但由于在 Rel-10 中依旧保留了 eNodeB 的单天线配置,因此意味着这种传输模式的使用场景仍然存在,同时 Rel-10 也指出

eNodeB 会继续兼容模式 1。

　　模式 2 是 LTE 系统中默认的下行传输模式,主要用于提高空间传输的可靠性。在 LTE 网络中,由于 UE 的原因(包括高速移动、处于小区边缘、切换状态下)系统有可能无法准确获取信道的状态信息,这时候就需要采用这种传输模式,即 TM2 为其他模式的回退模式。另外,模式 2 也可以与其他模式一同使用,由系统自适应完成。

　　模式 3 是系统利用多天线的空间弱相关性,通过配置循环时延分集技术来获取峰值传输速率。此模式下终端不需要反馈信道信息,发射端根据预定义的信道信息来确定发射信号。

　　模式 4 是指当 UE 处于慢速移动状态时,信道空间相关性较弱,系统能够准确获取信道信息,系统通过闭环空分复用方式就可以实现数据传输的高速率。此模式下终端需要反馈信道信息,发射端采用该信息进行信号预处理,以产生空间独立性。

　　模式 5 通过 MU-MIMO 提升小区吞吐量,当小区负载较大,且信道利于进行预编码传输时,就可以采用这种模式。基站使用相同时频资源将多个数据流发送给不同用户,接收端利用多根天线对干扰数据流进行抵消和零陷。

　　模式 6 是模式 4 的一个特例,这种模式允许秩为 1 的闭环预编码。当空间相关性不允许进行多流传输时,若采用基于下行控制信息(Downlink Control Information,DCI)格式 2 的单流传输将降低系统吞吐量,但采用 DCI 格式 1B 进行传输则比较高效,此模式下终端反馈 RI＝1 时,发射端采用单层预编码,使其适应当前的信道。

　　模式 7 在 Rel-08 标准中是针对 TDD 的一种强制模式,主要用于 UE 在小区边缘低速移动情形下提高接收信噪比和小区容量。此模式下发射端利用上行信号来估计下行信道的特征,在下行信号发送时,每根天线上乘以相应的特征权值,使其天线阵发射信号具有波束赋形效果。

　　模式 8 是优化的波束赋形,用于双流传输,向后兼容 LTE-A,可以灵活扩展各种算法。此模式下系统结合复用和智能天线技术,进行多路波束赋形发送,既提高用户信号强度,又提高用户的峰值速率和均值速率。

　　模式 9 能提供最大 8 层的单用户 MIMO 传输、透明的多用户 MIMO 传输以及 SU/MU 自适应技术,模式 9 未来将取代 TM3、TM4 和 TM5。

　　原则上,3GPP 对天线数目与所采用的传输模式没有特别的搭配要求,但在实际应用中,移动台的速度、空间传播条件、硬件配置和业务服务类型等因素会影响系统对传输模式的选择。LTE 资源管理与调度系统可以根据 CSI、CQI(Channel Quality Indicator,信道质量指示)、PMI(Precoding Matrix Indicator,预编码矩阵指示)、CSI-RS(CSI - Reference Signal, CSI 参考信号)等信道状态信息,自适应地选择适合无线环境的 MIMO 传输模式,以便达到更好的覆盖效果或更高的数据传输速率。其中,CSI 用于反映提供当前通信系统的信道条件;CQI 用来反映下行 PDSCH 的信道质量;PMI 用来指示码本集合的索引值,通过 UE 上报 PMI 来决定 PDSCH 物理层的基带处理所使用的预编码矩阵,使得 PDSCH 信号最优;CSI-RS 用于信道信息 CQI、PMI、RI(秩指示)等的测量。

　　决定某一时刻对某一终端采用什么传输模式的是 eNodeB,并通过 RRC 信令通知终端选择。当 UE 维持动态连接的时候,eNodeB 会根据来自 UE 的反馈信号来决定使用哪一种天线传输方案,当信道条件发生变化后,传输模式将允许 UE 反复改变物理信道的传输方案。所以,同一个小区的不同 UE 可能采用不同的传输模式,一般情况下,单天线系统常用模式为 TM1,两天线系统常用模式为 TM2 和 TM3,而 8 天线系统常用模式为 TM7 和 TM8。

1.2.3　高阶调制

为了保证通信效果,克服远距离信号传输中的问题,必须将信号频谱搬移到高频信道中进行传输,调制就是将要发送的信号加载到高频信号的过程。数字信号 3 种最基本的调制方法为调幅 ASK、调频 FSK 和调相 PSK,其他各种调制方法都是以上方法的改进或组合。其中,正交振幅调制(Quadrature Amplitude Modulation,QAM)就是调幅和调相的组合。

QAM 调制方式由调制载波的相位和幅度承载信令信息。类似于其他数字调制方式,它同时使用载波的幅度和相位来传递信息比特,将一个比特映射为具有实部和虚部的矢量,然后调制到时域正交的两个载波上,并进行传输。QAM 发射信号集可以用星座图方便地表示,星座图上每一个星座点对应发射信号集中的一个信号,如正交幅度调制的发射信号集大小为 N,则称之为 N-QAM。

星座点经常采用水平和垂直方向等间距的正方网格配置,当然也有其他的配置方式。数字通信中的数据常采用二进制表示,这种情况下星座点的个数一般是 2 的幂。常见的 QAM 形式有 16QAM、64QAM、256QAM 等。星座点数越多,每个符号能传输的信息量就越大。以 16QAM 为例,其规定了 16 种幅度和相位的状态,一次就可以传输 1 个 4 位的二进制数。

但是,如果在星座图的平均能量保持不变的情况下增加星座点,会使星座点之间的距离变小,进而导致误码率上升。因此高阶星座图的可靠性比低阶要差,如图 1.2.7 所示。

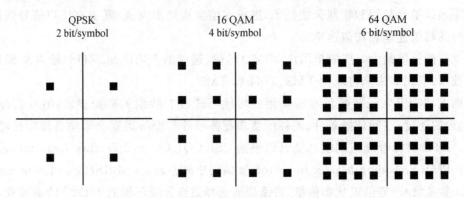

图 1.2.7　LTE 调制方式星座图

64QAM 高阶调制采用了 6 个连续符号,并通过串/并转换,转换成 I、Q 路分支,其中 I 路分支上 3 个连续的符号,Q 路分支上 3 个连续的符号,I、Q 两路上的符号通过调制映射出 64 个星座。从理论上看,64QAM 调制方式的 1 个符号代表 6 bit,将频谱利用效率相比 16QAM 的 4 个连续符号,调制效率提高了 50%。

　　LTE 下行主要采用 QPSK(Quadrature Phase Shift Keying,正交相移键控)、16QAM、64QAM 3 种调制方式。上行主要采用位移 BPSK(Binary Phase Shift Keying,二进制相移键控)($\pi/2$-shift BPSK,用于进一步降低 DFT-S-OFDM 的 PAPR)、QPSK、8PSK 和 16QAM 4 种调制方式。在高信噪比环境下,LTE 采用 64QAM 调制能大幅提高频谱利用效率,特别是在室内场景,能得到比较充分的运用,进一步提高了 LTE 系统的理论峰值速率。

　　LTE 采用自适应调制与编码(Adaptive Modulation and Coding, AMC)技术,在发送端,经编码后的数据根据所选定的调制方式调制后,经成形滤波器后进行上变频处理,将信号发射出去。在接收端,接收信号经过前端接收后,所得到的基带信号需要进行信道估计。一方面信道估计的结果送入均衡器,对接收信号进行均衡,以补偿信道对信号幅度、相位、时延等的影响;另一方面信道估计的结果将作为调制方式选择的依据,根据估计出的信道特性,按照一定的算法选择适当的调制方式。在 LTE 系统标准的物理层规范中定义了 29 种可选的 MCS(Modulation and Coding Scheme,调制与编码策略)等级,可供采用 AMC 技术时选用。

1.2.4　HARQ

　　差错控制重传技术是系统对抗传输误码的一种手段,在数字系统中,利用纠错码或检错码进行差错控制的方式大致有以下几类:

　　① 重传反馈方式(Automatic Repeat re-Quest,ARQ);

　　② 前向纠错方式(Forward Error Correction,FEC);

　　③ 混合检错方式(Hybrid Error Correction,HEC)。

　　传统的 ARQ 技术由无线网络控制器(Radio Network Control,RNC)控制完成,发送端除立即发送码字外,尚暂存一份备份于缓冲存储器中,若接收端解码器检出错码,则由解码器控制产生一重发指令(NACK),经过反向信道送至原发送端,发送端重发控制器控制缓冲存储器重发一次,接收端解码器未发现错码时,经反向信道发出确认指令(Acknowledgement,ACK)。发送端继续发送后一码组,更新发送端的缓冲存储器中的内容。

　　LTE 中采用混合自动重传请求(HARQ)技术,将 ARQ 和前向纠错编码结合起来,由基站控制实现。TD-LTE 系统采用的是 N 通道的停等式 HARQ 协议,需要为系统配置相应的 HARQ 进程数,在等待某个 HARQ 进程的反馈信息过程中,可以继续使用其他的空闲进程传数据包。

　　停等式重传协议机制不仅简单可靠,系统信令开销小,并且降低了对于接收机缓存空间的要求,同时,为了克服该方式信道利用效率低的缺点,TD-LTE 改进为 N 通道的停等式协议,发送端在信道上并行运行 N 个不同的停等进程,利用不同进程间的间隙来交错地传递数据和信令。

　　在 TD-LTE 系统中,为了获得更好的合并增益,上下行链路中采用的是 Type III HARQ,同时下行采用异步自适应的 HARQ 技术,更能充分利用信道的状态信息,从而提高系统的吞吐量,也可以避免重传时资源分配发生冲突,从而造成性能损失。在上行链路采用同步非自适应的 HARQ 技术,可以减少控制信令的开销问题。MAC 层负责 HARQ 以及调度。

1. 下行 HARQ 流程

下行异步 HARQ 操作是通过上行 ACK/NACK 信令传输、新数据指示、下行资源分配信令传输和下行数据的重传来完成的。每次重传的信道编码冗余版本是预定义好的,不需要额外的信令支持。由于下行 HARQ 重传的信道编码率已经确定,因此不进行完全的MCS 的选择,但仍可以进行调制方式的选择。调制方式的变化会同时造成 RB 数的不同,因此需要通过下行的信令资源分配指示给 UE,另外,还需要通过 1 bit 的新数据指示符(New Data Indicator,NDI)指示此次传输是传输新数据还是重传。

下行 HARQ 流程的时序实例如图 1.2.8 所示。

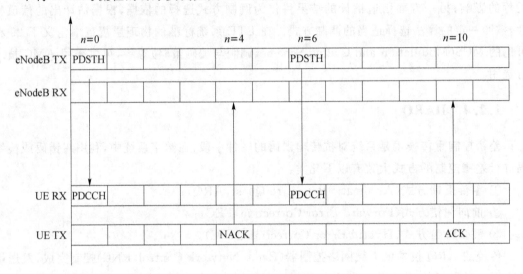

图 1.2.8　下行 HARQ 时序图

假设下行跟上行的子帧同步,接收与发送之间没有时延(实际上不可能,只是便于理解):

① eNodeB 在时刻 0 的 PDSCH 信道发送一份下行数据;

② UE 监听到后,进行解码,发现解码失败,它将在时刻 4 的上行控制信道(PUCCH)向 eNodeB 反馈上次传输的 NACK 信息;

③ eNodeB 对 PUCCH 中的 NACK 信息进行解调和处理,根据下行资源分配情况对重传数据进行调度,eNodeB 根据情况来调度重传时间;

④ 假定在时刻 6 在 PDSCH 上发送重传,如果此时 UE 成功解码,那么它就在时刻 10发送确认,完成 HARQ 过程。

2. 上行 HARQ 流程

上行同步 HARQ 操作是通过下行 ACK/NACK 信令传输、NDI 和上行数据的重传来完成的,每次重传的信道编码冗余版本(Redundancy Version,RV)和传输格式是预定义好的,不需要额外的信令支持,只需通过 NDI 指示是新数据的传输还是重传。上行 HARQ 流程的时序如图 1.2.9 所示。

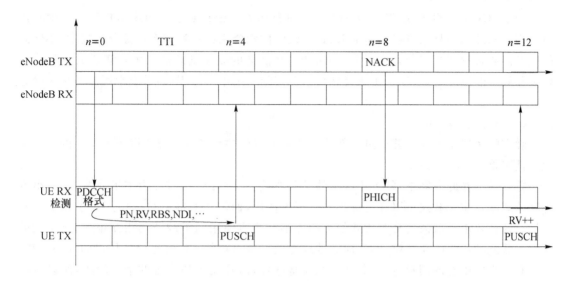

图 1.2.9　上行 HARQ 时序图

相对应下行来说,上行采用同步 HARQ,其反馈跟重传的位置都是固定地按照 $n+4$ 来处理的,而下行重传时并没有规定好重传的时刻,eNodeB 可以根据具体情况来调度下行重传。

1.2.5　干扰抑制技术

LTE 子载波之间正交,使本小区内的用户信息承载在相互正交的不同载波上,这样会消除小区内部的干扰。但是由于复用必将存在,因此小区间的干扰依然存在,而且对网络性能产生了严重影响。

对于小区中心的用户来说,其本身离基站的距离就比较近,而外小区的干扰信号距离又较远,则其信干噪比相对较大;但是对于小区边缘的用户,由于相邻小区占用同样载波资源的用户对其干扰比较大,加之本身距离基站较远,其信干噪比相对就较小,导致虽然小区整体的吞吐量较高,但是小区边缘的用户服务质量较差,吞吐量较低。为了解决这一问题,LTE 采用了多种小区间干扰抑制技术。

1. 频率复用

蜂窝移动通信技术的核心思想就是频率资源的复用,相隔一定距离的小区可以共用一个频率,蜂窝技术极大地提高了系统的容量,使通信技术能真正地走向大众。在目前频谱资源日益紧张的情况下,频率复用等扩容技术成为通信技术发展的关键。由于 LTE 空中接口没有使用 CDMA 的扩频技术,降低了小区边缘的干扰消除能力,因此频率复用技术成为 LTE 系统提高系统性能的有效手段。

在 OFDMA 系统中,如果频率复用系数为 1,即表示相邻小区使用相同的频率资源,此时相邻小区交界处的用户所产生的干扰很严重,小区服务质量急剧变差。OFDMA 的本质是频分多址,在实际应用中其频率复用系数只有几个选择,如 1、3、7 等。为了有效抑制小区间干扰,频率复用系数应选得较大一些,这样可以有效改善小区边缘性能,但其缺点就是频谱效率损失较大,满足不了高质量、高速率的 4G 系统的业务需求。

为了解决这一问题,基于 OFDMA 的频率复用方法则是对小区边缘用户和小区中心用户采用不同的频率复用策略。目前 LTE 系统中推荐使用的各种频率资源分配技术、小区间的频率协调管理和复用的方式可以是静态的、半静态的以及动态的。由于需要大量的信号处理和复杂的调度管理,动态协调管理技术在实际网络中一般不用,系统常用静态和半静态方式。

（1）静态频率复用

静态频率复用方式主要通过在部分子频带上减少功率和频率复用因子大于 1 的方式实现。其主要有两种方案。

方案一。在此方案中,每个小区中的子载波被分为两组,一组称为主子载波,另一组称为辅子载波。主子载波可以在全部小区范围内使用,而辅子载波只可以使用在小区的中心区域。这样要求子载波的分配方式使得相邻小区边界使用的子载波均相互正交,使用相同频率子载波的用户距离足够远,从而有效地避免或减小相邻小区在边缘的用户的同频干扰。

对于小区中心的用户,由于其本身距离基站较近,且受到外小区的干扰较小,所以可以采用比较低的功率进行传输,而对于小区边缘的用户则恰好相反。所以一般情况下,主子载波允许的最大发射功率比辅子载波的高。在功率谱密度一定的情况下,分配给主子载波更多的功率意味着为主子载波分配了更宽的带宽,辅子载波与主子载波的发射功率比可在 0 到 1 之间进行调整,对应的有效频率复用系数则从 3 到 1 间变化。当功率比（Power Radio）为 0 时,相当于无辅子载波,频率复用因子为 3;当功率比为 1 时,相当于载波不分组,频率复用因子为 1。这样业务量分布决定功率比设置,当高业务量发生在小区边缘时,功率比设定为相对较小的值来获得较高的小区边缘吞吐量;相反,当业务量主要集中在小区内部时,可以设置较大的功率比。

方案二。只有一部分子载波用于小区边缘用户,该部分子载波可采用全功率发射并且相邻小区间的载波是正交的,从而避免绝大部分干扰的产生。而小区中心的用户可以使用全部带宽载波,但对收发的功率有一定限制,从而即使同一载波被复用也不会产生太多的干扰。

（2）准静态频率复用

以静态方案为基础,准静态方式可以根据用户分布和业务负载的变化调整静态方案中的频率资源划分比例和功率分配比例。其主要有 4 种方案。

方案一。将整个频域资源 S 在系统初始化阶段分割为 N 个波段子集,且互相正交,所有小区都被划分为内、外两层。对于内层的移动终端,被分配到的传输子载波可以是波段集合的任一子集。移动终端运动到外层区域时,小区将只会在正交子集中分配相应资源给该终端传输数据。即处在其边缘区域的用户只可能分配整个系统资源的一部分,这样可以确保边缘区域的用户所分配到的频域资源不会相交,从而可以在一定程度上减小小区间的干扰。

方案二。该方案基于小区负载半静态调整。整个工作频段被分为 N 个子波段,其中 n 个子波段服务于小区边缘用户,其余的 $N-3n$ 个子波段服务于小区中心用户。服务于小区边缘的 n 个子波段与相邻小区之间是正交的,而服务于小区中心用户的 $N-3n$ 个子波段可以用于所有小区。小区边缘用户使用的频率会根据小区负载的变化而变化,也就是说,如果有多于一个子波段被用于小区边缘用户,则服务于小区中心用户的子波段就要相应地减少 3 个。通常会根据终端的位置信息（接收相邻小区功率与接收本小区功率的比值）来分配终端具体使用哪个子载波组。

方案三。该方案基于优先级的资源分配。在相邻小区中,对于不同的频率块赋予不同的优先级。该方法将整个频段分成多个子波段,每个小区的各个子波段的分配被赋予不同的优先级,每个具有较高优先级的子波段将被分配给具有较高发射功率的终端,尽量使相邻小区间采用高功率传输的重叠区的配置最小化,另外也可以将多个子波段赋予同样的优先级。

方案四。该方案基于预留频率子波段进行资源分配。频率子波段的分配数量取决于小区边缘的负载情况。如果此时相邻小区在边缘处也有类似的传输速率要求,整个频率资源将会被平分为 3 份,每个小区使用 1/3 的频率资源;如果其中一个小区的速率要求低于其相邻小区的边缘速率要求,则后者可以在边缘区域使用多于 1/3 的频率资源。这样既可以保证频率资源得到有效的利用,同时还避免了对小区边缘终端的过度干扰。

2. 干扰协调

干扰协调的核心思想是通过小区间的协调,对一个小区的可用资源进行某种限制,以减少本小区对相邻小区的干扰,提高相邻小区在这些资源上的信噪比以及小区边缘的数据速率和覆盖率。由于 LTE 的网络结构变得扁平化,原来位于 RNC 中的 RRM 功能也部分下移至 eNodeB 中了,因此对于小区间干扰协调(Inter Cell Interference Coordination,ICIC)的功能将在 eNodeB 中考虑并得以实现。

ICIC 的任务是通过管理无线资源(主要是无线资源块)来控制小区间的干扰,从而提高小区及其边缘的吞吐量。ICIC 是多小区无线资源管理功能的一部分,多小区无线资源管理功能需要考虑如下信息:资源使用状态、业务负荷状况和用户数等。

ICIC 的调度和实现是与频率复用技术紧密相关的。根据 LTE 频率复用优化方案,采用小区内外不同的频率复用因子来实现。在小区内部全部频谱资源都可用,但发射功率在不同的频段是不同的,相邻小区会用到的频段,在本小区内部对应的发射功率就比较小;而在小区边缘,只会用到部分频谱资源,相邻小区用到的部分带宽,本小区边缘就不会再用。eNodeB 可以通过 UE 发送的 CQI 得到下行信道干扰情况,也可以通过测量 SRS(Sounding Reference Signal,探测参考信号)或是 DM-RS(Demodulation Reference Signals,解调参考信号)的 SINR(Signal to Interference plus Noise Ratio,信号与干扰加噪声比),还有 IOT (Interoperability Tests,互操作测试)得到上行信道干扰的综合情况。eNodeB 通过 X2 接口互相合作完成小区间资源分配和调度以及相应的功控,提升了 LTE 的系统性能。

ICIC 分类如下。

(1) 静态 ICIC

其边缘频带和中心频带分配固定,频带划分好后不需要调整边缘频带。

(2) 半静态 ICIC

其有边缘频带和中心频带初始划分,后续可以根据服务小区和邻区实际的边缘负荷动态调整边缘频带。

(3) 动态 ICIC

其没有边缘频带和中心频带初始划分,完全根据服务小区和邻区实际的边缘负荷动态调整边缘频带。

在 3GPP 规范的 R10 版本中,增加了 CoMP(Coordinated Multiple Points,协同多点传输)功能,这样小区间的干扰协调机制将会大大地得到加强:

① 相邻的几个基站对小区边缘的用户同时提供服务,可以大大提高小区边缘用户的性能,提高其吞吐量;

② 变邻区干扰为有用信号,消除小区中心和边缘的差别。

3. 干扰随机化

干扰随机化能将干扰随机化为"白噪声",从而抑制小区间干扰的危害,因此又称为"干扰白化"。干扰随机化的方法包括加扰、交织多址和跳频等。干扰随机化只是白化了干扰,并没有真正减少系统的干扰信号,因此带来的信噪比改善程度有限,研究结果表明,单独应用干扰随机化并不能满足未来通信系统的信噪比要求。

基本上来说,小区间干扰随机化的目标在于随机化干扰信号,从而提供接收端的干扰抑制,与扩频增益的方法一致。小区间干扰随机化的方法包括以下两种。

① 小区特定加扰,在信道编码和交织以后应用伪随机扰码;LTE 采用 504 个小区扰码〔与 504 个小区 ID(标识)绑定〕区分小区,进行干扰随机化。

② 小区特定交织(也称交织多址),小区专属交织的模式可以由伪随机数的方法产生,可用的交织模式数(交织种子)是由交织长度决定的,不同的交织长度对应不同的交织模式编号,UE 端通过检查交织模式的编号决定使用何种交织模式。

小区特定加扰和小区特定交织本质上有相同的性能,对各小区的信号在信道编码后采用不同的交织图案进行信道交织,以获得干扰白化效果。交织图案与小区 ID 一一对应。相距较远的两个小区间可以复用相同的交织图案,由于该技术尚未成熟,目前 LTE 尚未采用,UMTS 规范采用的是小区特定加扰,LTE 沿用这一成熟的功能。

小区间干扰随机化需要发射波形特性支持随机化小区间干扰的方法,接收机只要用本小区的伪随机扰码去解扰,就可以达到干扰随机化的目的。

4. 干扰消除

干扰消除技术来源于多用户检测技术,可以将干扰小区的信号解调、解码,然后利用接收机的处理增益从接收信号中消除干扰信号分量。小区间干扰消除与小区间干扰协调相比优势在于,对小区边缘的频率资源没有限制,可以实现小区边缘频谱效率为 1 和总频谱效率为 1。但是小区间干扰消除实现复杂度大,对接收机的处理能力要求高,只能在预先固定的频率资源来做干扰消除,对小区间的同步要求高。

目前有两种方法可以实现干扰消除。

① 多天线的空间抑制方法。其又称为干扰抑制合并(Interference Rejection Combining,IRC),需要 UE 多天线的空间分集技术,不依赖发射端配置,利用从两个相邻小区到 UE 的空间信道独立性来区分服务小区和干扰小区的信号,配置双天线的 UE 可以区分两个空间信道。

② 基于干扰重构/减去的干扰消除。若能将干扰信号分量准确分离,剩下的就是有用信号和噪声,这种方式是干扰消除的最理想方法。串行干扰抵消是其中的技术之一,从输入信号中重构信号和干扰,然后和信号相减,再进行检测。

小区间干扰消除技术可以显著改善小区边缘的系统性能,并实现频率复用系数为 1,获得较高的频谱效率,但在频率资源块的分配方面受到一定的限制,尤其难以应用于带宽较小的业务(如 VoIP)。

1.2.6　语音解决方案

LTE 具备高带宽、低时延、高频谱利用率等特点,能够满足数据业务高速增长的需求,但由于语音业务在很长一段时间内仍将是不可或缺的重要业务,因此,LTE 不仅需要支持迅猛增长的数据业务,也应继续提供高质量的语音业务。

基于 LTE 面向分组域优化的系统设计目标,LTE 的网络架构不再区分电路域(Circuit Switching,CS)和分组域(Packet Switching,PS),采用统一的分组域架构。在新的 LTE 系统架构下,LTE 网络不再支持传统的电路域语音解决方案,IP 多媒体子系统(IP Multimedia Subsystem,IMS)控制的 VoIP 业务将作为未来 LTE 网络中的语音解决方案;同时,在 LTE 发展初期,由于覆盖规模的限制和考虑保护运营商先前的投资等原因,LTE 网络将会和 2G/3G 网络长期并存。为了保证在 LTE 网络中也能进行语音业务,并且保证用户在 LTE 网络和 2G/3G 网络间切换时的业务连续性,形成了 3 种不同的语音解决方案:多模双待、语音回落(Circuit Switched Fallback in Evolved Packet System,CSFB)和单射频-语音呼叫连接(Single Radio Voice Call Continuity,SR-VCC)。

1. 多模双待

多模双待方案即采用定制终端,终端可以同时待机在 LTE 网络和 2G/3G 网络,而且可以同时从 LTE 网络和 2G/3G 网络接收和发送信号。双待机终端在拨打电话时,可以自动选择从 2G/3G 模式下进行语音通信。也就是说,双待机终端利用其仍旧驻留在 2G/3G 网络的优势,从 2G/3G 网络中接听和拨打电话;而 LTE 网络仅用于数据业务。

双待机终端分为单卡形式和多卡形式,以及双卡可见一卡的形式,其中考虑用户体验,单卡形式为首选,这种形式需要用两个芯片(1 个 2G/3G 芯片和 1 个 LTE 芯片)或一个多模芯片来实现,解决方案简单。由于双待机终端的 LTE 与 2G/3G 模式之间没有任何互操作,终端不需要实现异系统测量,技术实现相对简单。但是对于终端,要确认 LTE 模式下,不执行 LTE 网络和 2G/3G 网络的联合位置更新,并且分组域只能存在一个附着,防止乒乓效应。

多模双待语音解决方案的实质是使用传统 2G/3G 网络,与 LTE 无关。对网络没有任何要求,LTE 网络和传统的 2G/3G 网络之间也不需要支持任何互操作。无 TD-LTE 覆盖时,终端回退到单待模式。

中国电信主推的"SRLTE(Single Radio LTE,单射频 LTE)＋VoLTE"的终端形态,即为这种方式。

2. CSFB

3GPP TS 23.272 V8.5.0 提供了一种电路域回落的机制,保证用户同时注册在演进分组系统(Evolved Packet System,EPS)网络和传统的电路域网络,在用户发起语音业务时,由 EPS 网络指示用户回落到目标电路域网络之后,再发起语音呼叫。该语音解决方案就是语音回落。

CSFB 语音方案满足在部署 LTE 初期就提供语音服务,但同时又不愿意过早部署 IMS 的运营商的需求。CSFB 可以最大化地利用现有 2G/3G 网络的覆盖和业务质量等资源,保护运营商的投资利益最大化。

CSFB 基本原理如下。

① 无业务时,移动管理实体(Mobility Management Entity,MME)通过 SGs 接口〔MME 与移动交换中心(Mobile Switching Center,MSC)之间的接口〕进行 CS 域移动性管理。

② 存在语音业务时,MME 将 UE 回落到 2G/3G 网络,通过 2G/3G 网络为 UE 提供语音服务。

③ 存在短消息业务时,MME 通过将短消息信令在 MSC 和 UE 之间转发的方式,实现为 UE 提供短消息业务。

具体的工作流程如下。

· 开机选网

终端开机→LTE 及 2G/3G 电路域联合注册→驻留 LTE。

· 业务过程

典型的 CSFB 业务流程主要包括联合附着、位置更新、主叫(MO)CSFB 流程、被叫(MT)CSFB 流程以及去附着等。

主叫语音业务过程:

① UE 发起主叫语音业务;

② MME 指示 eNodeB 需要将 UE 回落到 2G/3G 网络;

③ eNodeB 根据 UE 的能力采取对应的方式,将 UE 回落到 2G/3G 网络;

④ UE 在 2G/3G 网络发起主叫语音业务。

被叫语音业务过程:

① MSC 通知 MME 有 UE 的被叫语音业务;

② MME 指示 eNodeB 需要将 UE 回落到 2G/3G 网络(如果 UE 处于空闲态则需要先指示 eNodeB 发起寻呼流程,待 UE 重新接入 LTE 网络后再指示 eNodeB 将 UE 回落到 2G/3G 网络);

③ eNodeB 根据 UE 的能力采取对应的方式,将 UE 回落到 2G/3G 网络;

④ UE 在 2G/3G 网络建立电路域连接并完成语音通话。

CSFB 工作流程如图 1.2.10 所示。

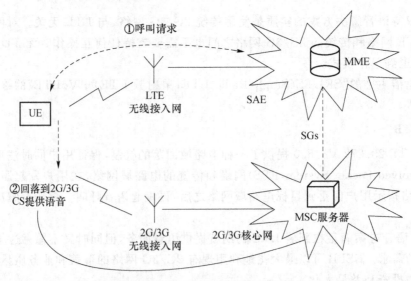

图 1.2.10 CSFB 工作流程示意图

进行 CSFB 语音回落过程的一个重要接口就是 SGs 接口,CSFB 和 SMS 都是通过 MME 与 MSC 服务器之间的接口 SGs 来完成互连的。SGs 参考节点用于移动性管理和 EPS 与 CS 电路域之间的连接过程,它基于 Gs 接口,同时它还提供移动源和移动终端的短信。SGs 协议栈示意图如图 1.2.11 所示。

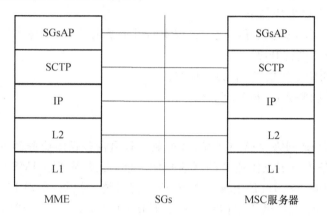

图 1.2.11　SGs 协议栈示意图

多模单待手持终端在给 MME 发送的附着请求消息中携带支持 CSFB 能力的指示。MME 在收到用户的联合附着请求后,在进行 EPS 附着的同时,会推导出其相关 CS 域的 VLR(Visitor Location Register,拜访位置寄存器)信息,并向这个 VLR 发起位置更新请求,VLR 收到位置更新请求以后,会将该用户标记为已经进行 EPS 附着了,并保存用户的 MME 的 IP 地址,这样 VLR 中就创建了用户的 VLR 与 MME 间的 SGs 关联。随后,MSC 服务器/VLR 会进行 CS 域位置更新并把用户的 TMSI(Temporary Mobile Subscriber Identity,临时移动用户标识)和 LAI(Location Area Identification,位置区标识)传给 MME,从而在 MME 中建立 SGs 关联。最后,MME 把 VLR 给用户分配的 TMSI 以及 LAI 等信息包含在附着请求接收消息中并发送给 UE,此时就表明用户的联合附着已经成功了。联合附着成功之后,启用 CSFB 能力的用户在 LTE 网络中就可以处理电路域业务了。

从 CSFB 的实现方式看,这是一个非常轻载的实现方式,非常适合于 EPC 早期建设阶段。根据 EPC 部署范围小、2G/3G 网络广泛的情况,其适合在 EPC 主要提供数据业务的时间段采用,能够充分利用 2G/3G 网络电路域提供语音、短信、定位等成熟的电路业务。在此阶段,将 EPC 作为高速数据业务承载与传统电路语音等业务的分离管理仅仅是一个短期的过渡方案。随着 EPC 网络的快速建设和基于 IMS 的业务平台部署,很容易更新终端到网络侧的业务能力配置,从而完全过渡到使用 EPC 网络的能力。

CSFB 方案主要具备了以下优势:

① EPC 网络只对电路域业务提供终端连接状态管理、业务寻呼和终端网络切换控制,对 EPC 网络实体的功能影响较小;

② 实际业务的建立和传输发生在原有的电路域网络连接状态下,对 EPC 网络的资源占用较少;

③ 该方案中,对于除短信以外的电路域业务处理流程相对统一,降低了网络实体和终端实现的难度;

④ 该方案提供了基于 TD-SCDMA/WCDMA 网络和 cdma2000 网络演进过程中的电路域共存方案,适用于不同网络基础的运营商向 EPC 平滑过渡;

⑤ 与 EPC IMS 业务的共存可通过 MME 能力配置简单地实现,也能够通过该方式实现对 EPC 全业务的快速过渡。

CSFB 方案的主要劣势如下:

① 相关标准并不完善,如呼叫建立过程中的时延要求并未明确标明;

② 需要对 MSC 进行升级;

③ 在语音呼叫阶段不能使用 LTE 网络。

中国移动和中国联通选择了 CSFB 方案。

3. SR-VCC

LTE 网络是全 IP 网络,没有 CS 域,数据业务和语音多媒体业务都承载在 LTE 上。由于 EPC 网络不具备语音多媒体业务的呼叫控制功能,因此需通过 IMS 网络来提供多媒体通信业务的控制功能。在 LTE 全覆盖之前,IMS 提供统一控制,实现 LTE 与 CS 之间的语音业务连续性,这样组成的网络架构称为基于 IMS 的 VoLTE 方案,成为 LTE 语音解决的最终目标方案。

SR-VCC 是指在终端同时接收一路信号,UE 在支持 VoIP 业务的网络之间移动时,如何保持语音业务的连续性,即 VoIP 语音业务与 CS 域之间的平滑切换技术。

SR-VCC 的基本工作原理为:语音业务在 LTE 覆盖范围内采用 VoLTE,在呼叫过程中移动出 LTE 覆盖范围时,同 MSC 进行切换以支持语音业务的连续性。为实现该技术,网络结构上需要做以下调整:在 MSC 服务器和 MME 之间定义 Sv 接口,提供异构网络间接入层切换控制;通过设置 IWF(Inter Working Function,互通功能)网元,终结 Sv 接口,避免对原有电路域设备的改造;IMS 网络作为会话锚定点,统一进行会话层切换,保证会话跨网切换的连续性,支持 SR-VCC 的 LTE 网络结构如图 1.2.12 所示。

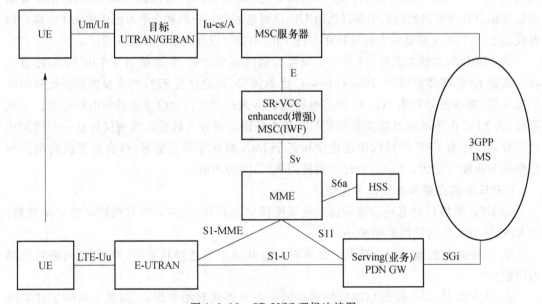

图 1.2.12　SR-VCC 逻辑连接图

3 类方案优劣势总结如下。

多模双待方案在业务体验、网络改造和实施方面优势明显,可部署时间相对较早。但终端实现较为复杂,需借鉴业界已有的成熟的双待机研发经验。

CSFB 在终端实现、产业支持和国际化程度方面占有较大优势,但其对网络改造要求较高,业务体验较差,在商用时还需较长时间深入优化网络参数配置,以保证业务质量。

SR-VCC 对 LTE 网络覆盖要求高,且对网络存在一定改造要求。

部署 LTE 网络初期,LTE 网络规模、覆盖连续性不足以支撑所有的 4G 用户业务需求,语音业务建议仍然由 2G/3G 网络承载,采用单射频(Single Radio)终端以控制终端成本,降低用户使用 LTE 网络的门槛,LTE 网络和 2G/3G 网络之间提供增强的 CSFB 方案,以保证语音业务的优先。在 VoIP 成熟的情况下,可以考虑提供 VoIP 业务,网络需要 SR-VCC 这样的解决方案以保证语音业务的连续性,为 LTE 网络提供覆盖补充。

1.2.7　SON

自组织网络(Self-Organising Network,SON)是在 LTE 网络的标准化阶段由移动运营商主导提出的概念,SON 是由一组带有无线收发装置的移动终端节点组成的无中心网络,是一种不需要依靠现有固定通信网络基础设施的、能够迅速展开使用的网络体系,是没有任何中心实体、自组织、自愈的网络;各个网络节点相互协作,通过无线链路进行通信,交换信息并实现信息和服务共享;网络中两个无法直接通信的节点可以借助于其他节点进行分组转化,形成多跳的通信模式。SON 通过无线网络的自配置、自优化和自愈功能来提高网络的自组织能力,减少网络建设和运营人员的高人工成本,从而有效降低网络的部署和运营成本。

LTE 采用扁平化网络结构,无线网络控制器的大部分功能下移到 eNodeB 中实现。eNodeB 通过 S1 接口直接与上层的移动性管理实体和服务网关 S-GW 连接,各 eNodeB 间通过 X2 接口采用网格方式互连互通。其中,当某个 eNodeB 需要同其他 eNodeB 通信时,该接口总是存在,并支持处于 LTE_ACTIVE 状态下的手机切换。一般情况下,操作和维护单元(O&M)是上层 MME 中的一个软件实体,SON 可通过标准接口完成与 eNodeB 或 O&M 通信,进而完成 SON 功能。

SON 管理架构可以分为集中式、分布式和混合式 3 种。

① 集中式。集中式架构中的 SON 功能全部在 O&M 上实现。其中 eNodeB 仅负责测量和收集相关信息,SON 则负责决策并与 O&M 协调。集中式架构中所有自主管理功能在一个中心节点 O&M 内执行,eNodeB 除了进行各种所需的测量和信令交换,并根据中心节点指令执行相关动作外,不自主执行其他行动。在这种架构中,eNodeB 相对简单,成本也低,对于小数量 eNodeB 管理,自主管理可以达到更高水平。集中式架构适用于需要管理和监测不同 eNodeB 间协作的情况。

集中式 SON 是传统的 SON 架构,在 LTE 扁平化网络结构中,设置中心节点就会存在直连到中心节点较为困难的 eNodeB;如果出现中心点失败问题,如中心节点控制失败,会致使整个系统不可用。同时,中心节点也限制了整个 SON 系统的性能和扩展性,在经常变化的复杂网络中,中心节点是限制网络处理功能和信息通信的瓶颈。

② 分布式。分布式架构中的 SON 全部放在各自的 eNodeB 上,SON 功能由 eNodeB

通过分布方式实现。其中 eNodeB 不仅负责测量和收集相关信息,还要负责决策和与上层 O&M 及其他基站间的协调。在分布式 SON 中,自主管理功能在 eNodeB 本地实现,同时 eNodeB 间直接进行信息交互。分布式 SON 对于基于独立小区的拥塞控制参数优化等最为适用,可以避免不必要的反应时间,提高管理效率。分布式 SON 还可有效地避免中心点失败对系统带来的致命损失。

当需要实现众多 eNodeB 相互协调和信息交换的 SON 功能时,分布式 SON 是复杂的, eNodeB 的可靠性和实现成本较高,这些缺陷将导致系统自主管理范围存在一定的局限。同时,还可能引发 eNodeB 间交换的信息相互冲突等情况,必须建立冲突处理机制。此外, 由于 eNodeB 间需要自主传递和共享信息,因而会产生大量的信令开销,给网络带来很大负担,因此需要将信令开销控制在允许范围之内。

③ 混合式。混合式架构是集中式和分布式 SON 架构的结合。在混合式 SON 中,存在一个或多个中心节点,中心节点执行自主管理功能,并根据需要向其管理的 eNodeB 发出指示。eNodeB 也具备一定的自主管理功能,拥有与其他被管理的 eNodeB 间的直接交互接口,可根据自己和相邻 eNodeB 的测量数据执行相应的自主管理活动。混合式 SON 适用于有较多的自主管理任务可以由 eNodeB 自身完成,但一些复杂任务又需要通过一个中心节点统筹管理的场景。

混合式将一些自主管理功能从中心节点中转移到 eNodeB 中,使得这些 eNodeB 的复杂度高于集中式的 eNodeB 复杂度。相对于集中式,它提高了系统性能和可扩展性,但没有完全克服中心点失败的缺点。相对于分布式,它的 eNodeB SON 功能的复杂度较低。

总之,集中式的优点是控制较好,互相冲突较小,缺点是速度较慢、算法复杂;分布式与其相反,可以达到比其更高的效率和速率,且可拓展性较好,但彼此间难以协调。混合式虽有两者的优点,但设计更为复杂。

目前 LTE 的 SON 网络具有 3 种功能。

(1) 自配置功能

SON 网络中新部署的 eNodeB 支持即插即用,可通过自动安装过程获取软件、系统运行的无线和传输等参数,以及可自动检测邻区关系的自动管理过程。据 3GPP R9,自配置主要有 eNodeB 站址、容量和覆盖,新 eNodeB 无线传输参数,针对所有邻接节点的规划数据调整,eNodeB 硬件安装,射频设置,节点鉴权,O&M 安全通道建立和接入网关设置,自动资产管理,eNodeB 自动软件加载,自测试,Home eNodeB 配置等规划功能。

自配置可以大大减轻网络开通过程中工程师重复手动配置参数的工作,降低网络建设成本和难度。目前,应用于 TD-LTE 系统中的自配置主要有物理小区标识 PCI 码配置和邻居关系表 NRT 建立。系统通过自配置,每个基站可自动选择物理小区标识并建立自己的邻区信息表。

(2) 自优化功能

SON 的自优化是指在网络运行中,通过 UE 和 eNodeB 的测量,根据网络设备运行状况,自动调整网络运行参数,达到优化网络性能的过程。自优化可降低网络维护成本。传统的网络优化通常包含无线参数优化(如发射功率、小区切换门限)和机械/物理优化(如天线倾角、方向)。SON 自优化的对象包括覆盖与容量、节能、移动健壮性、移动负载均衡、随机接入信道 RACH、自动邻区关系、小区间干扰和小区物理 ID(PCI)配置等。

（3）自治愈功能

SON 的自治愈功能是指通过自动检测,发现故障即时告警并定位故障来源。针对不同级别故障提供自愈机制,如温度过高将会降低输出功率,以达到对于故障的即时隔离与修复。显然,自治愈可提高网络性能和用户感受。一般来讲,对于自治愈功能的部署应有如下考虑。

① 单小区中断的自治愈。单小区由于软硬件性能出现劣化或故障时,将引起单个小区的中断,为了确保单小区能够迅速回到正常工作状态,不至于扩展到邻区,可以通过中断技术进行灵活高效的治愈,此方案适用于分布式或混合式 SON 架构。

② 多小区联合的自治愈。当一个或多个小区发生了软硬件故障导致不可用,且不能通过本小区自治愈功能恢复时,可以通过扩展邻区的覆盖范围来完成停用小区的覆盖。在这个过程中,自治愈功能包括小区停用预测、侦测和补偿等。显然,该方案需要多个 eNodeB、UE 及 O&M 的测量数据,非常适合集中式或混合式 SON 架构。

从运维层面来看,在传统的网络维护中,网络优化工作需通过人工进行,数据采集、输入、分析的流程十分复杂。对运营商而言,这意味着大量的运营成本（Operating Expense, OPEX）。而异构网中,小功率节点数以万计,不能以传统的思路去考虑网规网优操作。从资源配置层面来看,异构网多节点、多制式、多重覆盖的网络部署模型面临频谱资源冲突,多种无线接入技术共存,干扰更加复杂的问题。从网络管理层面来看,不同设备厂商、不同制式之间的技术相互独立,即使是实现同一功能,算法也彼此相异,难以协同。为提高网络的操作和维护性能,降低配置和管理的人工成本,3GPP 将自组织网络特性引入 LTE 标准。

SON 分为网络自配置与网络自优化两个部分。其中自配置主要指设备上电、小区初始无线参数自动配置,自优化指无线网络运行过程中的参数自适应调整。LTE 标准中,SON 包括自规划、即插即用、移动性优化、负荷均衡等功能,其应用范围涵盖从网络开通到运行的整个生命周期。从网络分层的视角来看,异构网的组成包括宏蜂窝网络和微蜂窝网络两部分。在网络特性上,前者用户众多,但基站数量有限,可通过人工规划;而后者数量庞大,部署环境复杂,不可能全部通过人工开展,自部署、自开通的特性是基本需求。微蜂窝节点特殊的无线环境,要求参数有动态自适应的能力,除保证微蜂窝可以自部署、自开通外,也能限制微蜂窝引入到无线网络的干扰总量。

1.3　LTE 频谱资源

1.3.1　世界无线电通信大会规划的移动通信频谱

频率是移动通信最重要的基础资源,为了协调各国的频率,国际电信联盟（ITU）针对蜂窝移动通信 IMT 所使用的频率资源给出了相关规划建议。经过 1992 年在西班牙召开的世界无线电行政大会（WARC）和分别在 2000 年、2007 年、2015 年召开的世界无线电通信大会（WRC）,ITU 已经为移动通信规划了 1 564 MHz 的频率资源,具体如表 1.3.1 所示。

表 1.3.1　历次世界无线电通信大会为移动通信分配的频率资源

大　会	频段范围/MHz	频段带宽/MHz	小计/MHz	备　注
WARC-92	1 885~2 025	140	230	
	2 110~2 200	90		
WRC-2000	806~960	154	519	
	1 710~1 885	175		
	2 500~2 690	190		
WRC-07	450~470	20	428	在部分区域使用 790~862 MHz
	698~806	108		
	2 300~2 400	100		
	3 400~3 600	200		
WRC-15	694~790	96	387	
	1 427~1 518	91		
	3 600~3 800	200		
频段带宽合计	1 564 MHz			

其中,1 000 MHz 以下的频率资源为 450~470 MHz、694~960 MHz,总带宽为 286 MHz;1 000~3 000 MHz 的频率资源为 1 427~1 518 MHz、1 710~2 025 MHz、2 110~2 200 MHz、2 300~2 400 MHz、2 500~2 690 MHz,总带宽为 786 MHz;3 000~3 500 MHz 的频率资源为 3 400~3 600 MHz,总带宽为 200 MHz;3500~4000 MHz 的频率资源为 3 600~3 800 MHz,总带宽为 200 MHz。

另外 WRC-15 确定 5 GHz、24~86 GHz 为 5G 候选频段,列入 WRC-19 议题。

1.3.2　3GPP 确定的 LTE 频段

在世界无线电通信大会建议的移动通信频率规划框架下,3GPP 定义了 LTE 各频段的具体范围,如表 1.3.2 和表 1.3.3 所示。

表 1.3.2　3GPP 定义的 LTE FDD 频段

频段编号	频段名称	频率范围/MHz
Band　1	IMT Core Band	1 920~1 980/2 110~2 170
Band　2	PCS 1900	1 850~1 910/1 930~1 990
Band　3	1800	1 710~1 785/1 805~1 880
Band　4	AWS	1 710~1 755/2 110~2 155
Band　5	850	824~849/869~894
Band　6	850 (Japan #1)	830~840/875~885
Band　7	IMT Extension	2 500~2 570/2 620~2 690
Band　8	900	880~915/925~960
Band　9	1700 (Japan #2)	1 749.9~1 784.9/1 844.9~1 879.9
Band 10	3G Americas	1 710~1 770/2 110~2 170
Band 11	1 500 (Japan #3)	1 427.9~1 447.9/1 475.9~1 495.9

频段编号	频段名称	频率范围/MHz
Band 12	US 700 Lower A，B，C	699～716/729～746
Band 13	US 700 Upper C	777～787/746～756
Band 14	US 700 Upper D	788～798/758～768
Band 17	US 700 Lower B,C	704～716/734～746
Band 18	850（Japan ♯4）	815～830/860～875
Band 19	850（Japan ♯5）	830～845/875～890
Band 20	CEPT 800	832～862/791～821
Band 21	1500（Japan ♯6）	1 447.9～1 462.9/1 495.9～1 510.9
Band 23	US S-band	2 000～2 020/2 180～2 200
Band 24	US L-Band	1 626.5～1 660.5/1 525～1 559
Band 25	PCS 1900G	1 850～1 915/1 930～1 995
Band 26	E850	814～849/859～894
Band 27	LTE only	807～849/859～894
Band 28	APAC-700	703～748/758～803
Band 29	700 lower DE blocks	接收频率：717～728
Band30	LTE only	2 305～2 315/2 350～2 360
Band31	LTE only	452.5～457.5/462.5～467.5
Band32	LTE only	接收频率：1 452～1 496
Band65	LTE only	1 920～2 010/2 110～2 200
Band66	LTE only	1 710～1 780/2 110～2 200
Band67	LTE only	接收频率：738～758
Band68	LTE only	698～728/753～783

表 1.3.3　3GPP 定义的 LTE TDD 频段

频段编号	频段名称	频率范围/MHz
Band 33	TDD 2000 lower	1 900～1 920
Band 34	TDD 2000 upper	2 010～2 025
Band 35	TDD 1900 lower	1 850～1 910
Band 36	TDD 1900 upper	1 930～1 990
Band 37	PCS Center Gap	1 910～1 930
Band 38	IMT Extension Gap	2 570～2 620
Band 39	China TDD	1 880～1 920
Band 40	2300	2 300～2 400
Band 41	US 2600	2 496～2 690
Band 42	LTE only	3 400～3 600
Band 43	LTE only	3 600～3 800
Band 44	LTE only	703～803
Band 45	LTE only	1 447～1 467
Band 46	LTE only	5 150～5 925

1.3.3 我国 LTE 频谱

我国政府积极推进移动通信的发展,尤其重视推动自主产权技术标准的发展。各运营商的 TD-LTE 频谱如下:中国移动共 130 MHz,分别为 1 880~1 900 MHz、2 320~2 370 MHz、2 575~2 635 MHz;中国联通共 40 MHz,分别为 2 300~2 320 MHz、2 555~2 575 MHz;中国电信共 40 MHz,分别为 2 370~2 390 MHz、2 635~2 655 MHz。

我国 LTE 牌照发放原则是"先 TDD,后 FDD"。2015 年 2 月,工信部向中国电信和中国联通发布 FDD LTE 牌照,其中电信和联通各获得上下行 70 MHz 的频谱资源。

中国电信:

Band3(上行 1 765~1 780 MHz/下行 1 860~1 875 MHz)共 30 MHz;

Band1(上行 1 920~1 940 MHz/下行 2 110~2 130 MHz)共 40 MHz。

中国联通:

Band3(上行 1 755~1 765 MHz /下行 1 850~1 860 MHz,上行 1 745~1 765 MHz/下行 1 840~1 860 MHz)共 20MHz;

Band1(上行 1 955~1 980 MHz/下行 2 145~2 170 MHz)共 50 MHz。

2018 年 4 月,工信部向中国移动发放 FDD LTE 牌照。自此,中国三大运营商都具有了 FDD 和 TDD 两种模式的运营牌照。

需要注意的是,用在 2G、3G 网络上的 FDD 频谱在 2G、3G 退网以后也可以用于 LTE FDD。因此,在分析频率资源时,应统筹考虑在用的频谱和新分配的频谱。

2017 年 11 月,中国正式发布 5G 系统在 3 000~5 000 MHz 频段内的频率使用规划,明确了 3 300~3 400 MHz(原则上限室内使用)、3 400~3 600 MHz 和 4 800~5 000 MHz 频段作为 5G 系统的工作频段。

习题与思考

1. LTE 有哪些关键技术?请做简单说明。
2. 请列举在 EPC 网络中针对语音业务的 3 种主流解决方案,并分析它们的主要特征。
3. 简述 OFDM 的技术优势。
4. 简述 MIMO 的技术优势。
5. 简述 OFDM 技术的缺点。
6. 简述 OFDM 的基本原理。
7. 简述 MIMO 的 9 种模式。
8. 在 LTE 系统中,空口速率的提升主要依靠哪些技术?
9. LTE 上行为什么要采用 SC-FDMA 技术?
10. SC-FDMA 与 OFDMA 最大的区别是什么?LTE 上行多址方式为什么选择 SC-FDMA?

第 2 章　LTE 基本原理

【本章内容简介】

LTE 形成"扁平"的 E-UTRAN 结构,以简化网络和减小延迟。本章主要介绍 LTE 系统网络架构、LTE 协议栈、LTE 帧结构、物理资源、LTE 的信道映射及物理过程、无线资源管理等内容,并对 LTE 的两种制式 TDD 和 FDD 进行了对比。

【本章重点难点】

LTE 系统网络架构、帧结构、物理资源、物理过程、无线资源管理。

2.1　LTE 系统架构

2.1.1　LTE 系统网络架构

为了简化网络和减小延迟,满足低时延、低复杂度和低成本的要求,根据网络结构"扁平化""分散化"的发展趋势,LTE 改变了传统的 3GPP 接入网 UTRAN 的 NodeB 和 RNC 两层结构,将上层 ARQ、无线资源控制和小区无线资源管理功能在 NodeB 中完成,形成"扁平"的 E-UTRAN 结构,如图 2.1.1 所示。

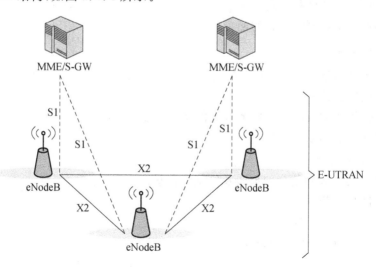

图 2.1.1　E-UTRAN 网络结构

整个 TD-LTE 系统由 3 部分组成:核心网(Evolved Packet Core,EPC)、接入网(E-UT-RAN)和用户设备(UE)。其中 EPC 又称系统结构演进(System Architecture Evolution,SAE),分为三部分:

① MME(Mobility Management Entity,移动管理实体)负责包括漫游、切换等 UE 的移动性管理在内的信令处理部分;

② S-GW(Serving Gateway,业务网关)负责本地网络用户数据处理部分;

③ P-GW(PDN Gateway,分组数据网关)负责用户数据包与其他网络的处理。

其中 S-GW 往往和 P-GW 合设。

接入网由演进型 NodeB(evolved Node B,eNodeB)和接入网关(aGW)构成;LTE 的 eNodeB 除了具有原来 NodeB 的功能外,还承担了原来 RNC 的大部分功能,包括物理层(包括 HARQ)、MAC 层(包括 ARQ)、RRC、调度、无线接入许可、无线承载控制、接入移动性管理和小区间无线资源管理(inter-cell RRM)等。

eNodeB 与 EPC 之间通过 S1 接口连接,支持多对多连接方式;eNodeB 之间通过 X2 接口相连,支持 eNodeB 之间的通信需求,eNodeB 与 UE 为 Uu 接口。EPC/LTE 的所有接口都基于 IP 协议。

2.1.2　E-UTRAN 与 EPC 的功能划分

LTE 的重要逻辑节点为 eNodeB、MME、S-GW 和 P-GW,其中各节点的主要功能如下。

1. eNodeB 功能

① 无线资源管理,包括无线承载控制、无线接入控制、连接移动性控制、UE 的上下行动态资源分配。

② IP 头压缩和用户数据流加密。

③ UE 附着时的 MME 选择。

④ 用户面数据向 S-GW 的路由。

⑤ 寻呼消息的调度和发送。

⑥ 广播信息的调度和发送。

⑦ 移动性测量和测量报告的配置。

2. MME 功能

① 分发寻呼信息给 eNodeB。

② 接入层安全控制。

③ 移动性管理涉及的核心网节点间的信令控制。

④ 空闲状态的移动性管理。

⑤ SAE 承载控制。

⑥ 非接入层(NSA)信令的加密及完整性保护。

⑦ 跟踪区列表管理。

⑧ P-GW 与 S-GW 的选择。

⑨ 向 2G/3G 切换时的 SGSN 选择。

⑩ 漫游。

⑪ 鉴权。

3. S-GW 功能

① 终止由于寻呼产生的用户平面数据包。

② 支持由于 UE 移动性产生的用户面切换。

③ 合法监听。

④ 分组数据的路由与转发。

⑤ 传输层分组数据的标记。

⑥ 运营商间计费的数据统计。

⑦ 用户计费。

4. P-GW 功能

① 基于用户的包过滤。

② 合法监听。

③ IP 地址分配。

④ 管理 3GPP 接入和 non-3GPP 接入(如 WLAN、WiMAX 等)间的移动。

⑤ 上下行传输层数据包标记。

⑥ 负责 DHCP(Dynamic Host Configuration Protocol,动态主机配置协议)策略执行。

⑦ 用户计费。

图 2.1.2 以 LTE 在 S1 接口的协议栈结构来描述了逻辑节点、功能实体以及协议层之间的关系和功能划分。

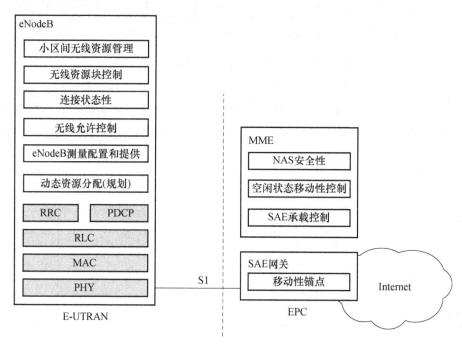

图 2.1.2 E-UTRAN 与 EPC 的功能划分

2.2 LTE 协议栈

2.2.1 整体协议栈

LTE 的协议栈根据用途分为用户平面协议栈和控制平面协议栈。

用户平面协议栈和控制平面协议栈均包含 PHY(物理层)、MAC(媒体接入控制)层、RLC(无线链路控制)层和 PDCP(分组数据汇聚协议)层,控制平面向上还包含 RRC(无线资源控制)层和 NAS(非接入)层。由于没有了 RNC,空中接口的用户平面(MAC/RLC)功能由 eNodeB 进行管理和控制,如图 2.2.1 所示,用户平面各协议体主要完成信头压缩、加密、调度、ARQ 和 HARQ 等功能。

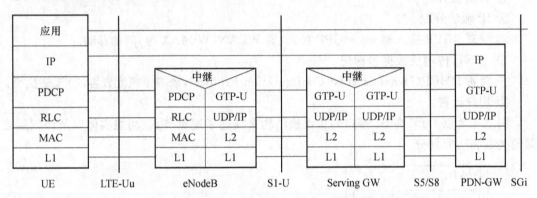

图 2.2.1 LTE 各网元间用户平面整体协议栈

控制平面协议栈由 RRC 完成广播、寻呼、RRC 连接管理、RB 控制、移动性功能和 UE 的测量报告和控制功能。RLC 和 MAC 子层在用户平面和控制平面执行的功能没有区别,如图 2.2.2 所示。由于没有了 RNC,空中接口的控制平面(RRC)功能由 eNodeB 进行管理和控制。

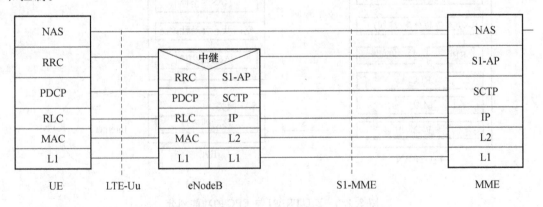

图 2.2.2 LTE 各网元间控制平面整体协议栈

2.2.2　无线接口协议栈

无线接口协议栈也分为用户平面协议栈和控制平面协议栈。用户平面协议栈与 UMTS 相似,主要包括 PDCP、RLC 和 MAC 3 层,主要执行头压缩、调度、加密等功能,如图 2.2.3 所示。区别于 TD-SCDMA,LTE 无线接口用户平面的加密和解密功能由 PDCP 子层完成,仅存在一个 MAC 实体。

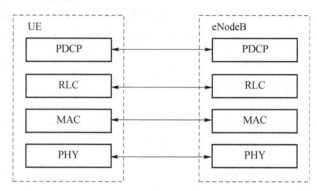

图 2.2.3　无线接口用户平面协议栈

控制平面协议栈如图 2.2.4 所示,主要包括 NAS、RRC、PDCP、RLC、MAC 等 4 层,其中 PDCP、RLC 和 MAC 的功能和用户平面的一样。RRC 协议终止于 eNodeB,主要实现以下功能:

①　广播;

②　寻呼;

③　RRC 连接管理;

④　RB 控制;

⑤　移动性方面;

⑥　终端的测量和测量上报控制。

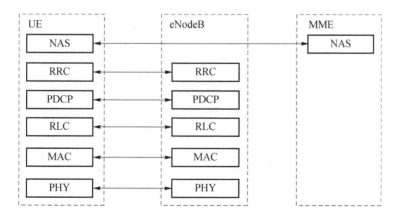

图 2.2.4　无线接口控制平面协议栈

2.2.3 其他接口协议栈

eNodeB 与 EPC 之间通过 S1 接口连接,支持多对多连接方式;eNodeB 之间通过 X2 接口相连,支持 eNodeB 之间的通信需求。E-UTRAN 定义了 S1 接口和 X2 接口的通用协议模型,其控制平面和用户平面相分离,无线网络层与传输网络层相分离,如图 2.2.5 所示。

无线网络层:实现 E-UTRAN 的通信功能。

传输网络层:采用 IP 传输技术对用户平面和控制平面数据进行传输。

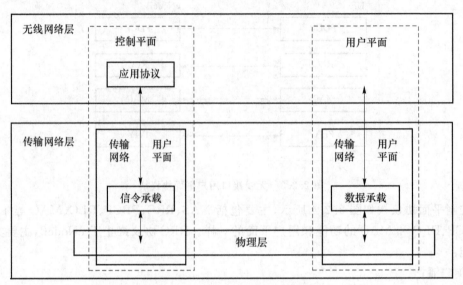

图 2.2.5 E-UTRAN 接口通用协议模型

1. S1 接口协议栈

S1 接口协议栈如图 2.2.6 所示。

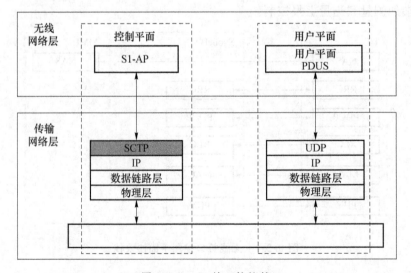

图 2.2.6 S1 接口协议栈

控制层为了可靠地传输信令消息，在 IP 层之上添加了 SCTP(Stream Control Transmission Protocol，流控制传输协议)，S1 控制平面的主要功能如下：

① EPC 承载服务管理功能；

② S1 接口 UE 上下文释放功能；

③ 激活(ACTIVE)状态下 UE 的移动性管理功能；

④ S1 接口的寻呼；

⑤ NAS 信令传输功能；

⑥ 漫游于区域限制支持功能；

⑦ NAS 节点选择功能；

⑧ 初始上下文建立过程。

UDP/IP 之上的用户平面的 GPRS 隧道协议(GPRS Tunnelling Protocol-User Plane，GTP-U)用来传输 S-GW 与 eNodeB 之间的用户平面分组数据单元(Packet Data Unit，PDU)，S1 用户平面的主要功能为：

① 在 S1 接口目标节点中指示数据分组所属的 SAE 接入承载；

② 移动过程中尽量减少数据的丢失；

③ 错误处理机制；

④ 多媒体广播多播业务(Multicast Broadcast Multicast Service，MBMS)支持功能；

⑤ 分组丢失检测机制。

2. X2 接口协议栈

X2-U 接口协议栈与 S1-U 接口协议栈完全相同，X2 接口协议栈如图 2.2.7 所示。

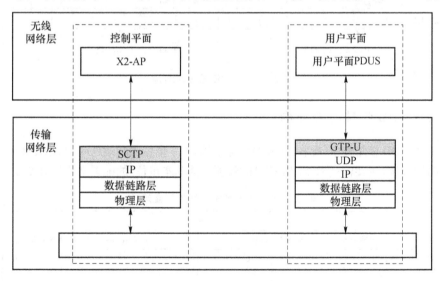

图 2.2.7　X2 接口协议栈示意图

X2 接口用户平面提供 eNodeB 之间的用户数据传输功能。LTE 系统 X2 接口的定义采用了与 S1 接口一致的原则，X2 接口应用层协议的主要功能如下：

① 支持 ACTIVE 状态下 UE 的 LTE 接入系统内的移动性管理功能；

② X2 接口自身的管理功能，如错误指示，X2 接口的建立与复位，更新 X2 接口的配置数据等；

③ 负荷管理功能。

2.3 帧结构

2.3.1 LTE帧结构

LTE支持两种帧结构：FDD和TDD。无线帧（Radio Frame）的长度为10 ms。

在FDD中10 ms的无线帧分为10个长度为1 ms的子帧（Subframe），每个子帧由两个长度为0.5 ms的时隙（Slot）组成。

在TDD中10 ms的无线帧由两个长度为5 ms的半帧（Half Frame）组成，每个半帧由5个长度为1 ms的子帧组成，其中有4个普通的子帧和1个特殊子帧。普通子帧由两个0.5 ms的时隙组成，特殊子帧由3个特殊时隙〔UpPTS（上行导频时隙）、GP（保护间隔）和DwPTS（下行导频时隙）〕组成。

LTE无线帧结构如图2.3.1所示。

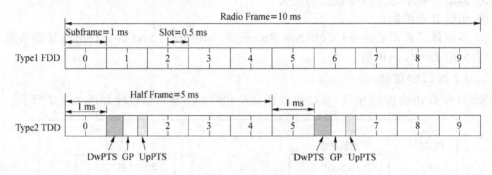

图2.3.1 LTE无线帧结构

2.3.2 TDD特殊时隙结构

在Type 2 TDD帧结构中，存在1 ms的特殊子帧，由3个特殊时隙（DwPTS、GP和UpPTS）组成。特殊时隙长度（注：以一个OFDM符号的长度作为基本单位）的配置选项如表2.3.1所示。

表2.3.1 特殊时隙长度的配置选项

序 号	配置选项					
	Normal CP（正常保护间隔）			Extended CP（扩展保护间隔）		
	DwPTS	GP	UpPTS	DwPTS	GP	UpPTS
0	3	10	1	3	8	1
1	9	4	1	8	3	1
2	10	3	1	9	2	1
3	11	2	1	10	1	1
4	12	1	1	3	7	2
5	3	9	2	8	2	2
6	9	3	2	9	1	2
7	10	2	2			
8	11	1	2			

注：保护间隔的单位为OFDM符号长度。

特殊时隙的帧结构如图 2.3.2 所示。

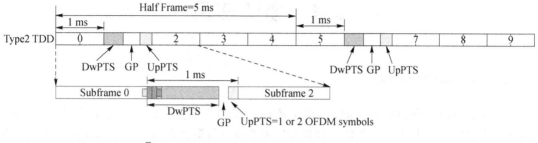

图 2.3.2　Type2 TDD 特殊时隙帧结构

① DwPTS 的长度可配置为 3～12 个 OFDM 符号,其中,主同步信号位于第三个符号处,相应地,在这个特殊的子帧中 PDCCH 的最大长度为两个符号。

② UpPTS 的长度可配置为 1～2 个 OFDM 符号,可用于承载随机接入信道和/或者探测参考信号。

③ GP 用于上下行转换的保护,主要由"传输时延"和"设备收发转换时延"构成,GP 的长度越大,小区支持的半径越大。

TD-LTE 中支持不同的上下行时间配比,可以根据不同的业务类型,调整上下行时间配比,以满足上下行非对称的业务需求。TDD-LTE 支持 7 种不同的上下行配比选项,在广播消息 SI-1 中使用 3 bit 指示 TDD 的上下行配比信息,如图 2.3.3 所示。

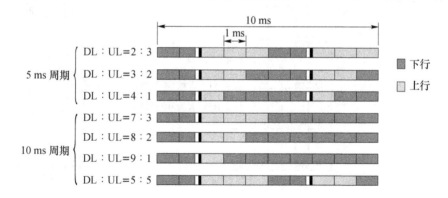

图 2.3.3　LTE TDD 上下行配比选项

在中国移动的实际 LTE 组网中,根据组网频段不同采取不同的时隙配比方案。如果采用室外 D 频段组网,一般使用的时隙配比为 2∶1∶2,特殊时隙配比为 10∶2∶2;如果采用室外 F 频段与 TD-SCDMA 共组网,一般使用的时隙配比为 3∶1∶1,特殊时隙配比为 3∶9∶2。

2.4　物理资源

2.4.1　物理资源块

　　LTE 具有时域和频域的资源,物理层数据传输的资源分配的最小单位是资源块(Resource Block,RB),上下行业务信道都以 RB 为单位进行资源调度。一个 RB 在频域上包含 12 个连续的子载波,在时域上包含 7 个连续的 OFDM 符号(在 Extended CP 情况下为 6 个),即频域宽度为 180 kHz,时间长度为 0.5 ms。RB 在物理层又被称为物理资源块(Physical Resource Block,PRB),图 2.4.1 为物理资源块的定义示意图。

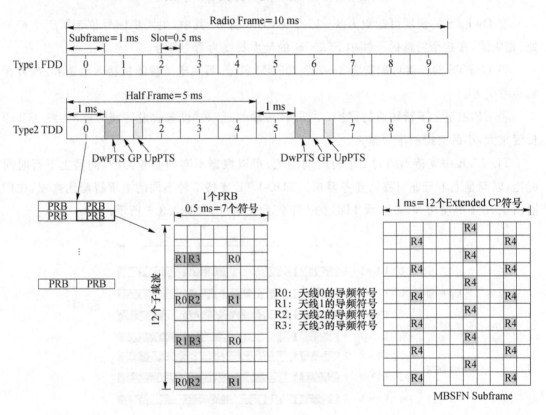

图 2.4.1　物理资源块的定义(Normal CP)

　　RB 由资源粒子(Resource Element,RE)组成;RE 是二维结构,是物理层资源的最小粒度,由时域符号(Symbol)和频域子载波(Subcarrier)组成,每 4 个 RE 组成 1 个 REG(RE Group,资源粒子组)。TTI(Transmission Time Interval,传输时间间隔)是物理层数据传输调度的时域基本单位,1 个 TTI 的长度为一个子帧,即 2 个时隙,包括 14 个 OFDM 符号。CCE(Control Channel Element,控制信道单元)是控制信道的资源单位,1 个 CCE 由 36 个 RE 组成。

　　各资源单位关系情况如图 2.4.2 所示。

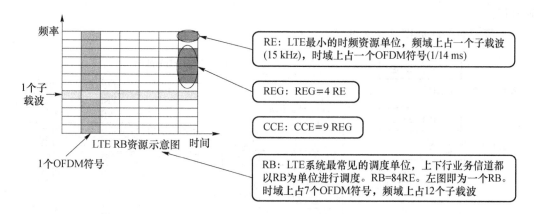

图 2.4.2　各资源单位关系示意图

表 2.4.1 给出了 LTE 系统的频率和时间分割参数。

表 2.4.1　OFDM 基本参数

子载波间隔	15 kHz
Normal CP 时长	5.208 μs(时隙的第一个符号)
	4.6875 μs(时隙的后 6 个符号)
Extended CP 时长	16.67 μs

表 2.4.2 给出了系统带宽与资源块数目的关系。

表 2.4.2　系统带宽与资源块数目的关系

系统带宽	子载波数目(含 DC)	PRB 数目
1.25 MHz	73	6
5 MHz	301	25
10 MHz	601	50
20 MHz	1 201	100

2.4.2　下行资源分配

为了方便物理信道向空中接口时频域物理资源的映射,在物理资源块之外还定义了虚拟资源块(Virtual Resource Block,VRB),虚拟资源块的大小与物理资源块相同,且虚拟资源块与物理资源块具有相同的数目,但虚拟资源块和物理资源块分别对应有各自的资源块序号:n_{VRB} 和 n_{PRB}。协议规定了 2 种类型的虚拟资源块:集中式虚拟资源块(Localized Virtual Resource Block,LVRB)和分布式虚拟资源块(Distributed Virtual Resource Block,DVRB)。LVRB 直接影射到 PRB 上,即资源按照 VRB 进行分配并映射到 PRB 上,对应 PRB 的序号 n_{PRB} 等于 VRB 的序号(可以看作一种按照 PRB 直接分配映射的过程),一个子帧中两个时隙的 LVRB 将映射到相同频域位置的两个 PRB 上;而 DVRB 采用分布式的映射方式,即一个子帧中两个时隙的 DVRB 将映射到不同频域位置的两个 PRB 上,某时隙的物理资源 PRB 对应的频域位置序号可以表示为 $n_{PRB}=f(n_{VRB},n_s)$,其中 n_s 是无线帧内的时隙号码。

下行资源分配如图 2.4.3 所示。

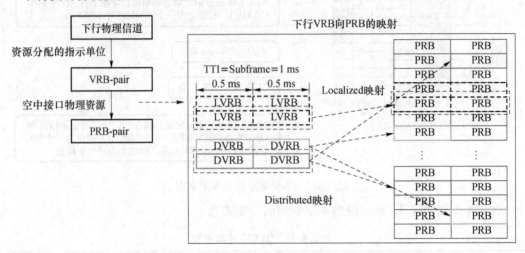

图 2.4.3　下行资源分配

2.4.3　上行资源分配

在上行方向上 LTE 仅采用压缩（Compact）方式分配 VRB，通过局部化（Localized）的 PRB 分配（保持单载波特性）结合时隙间跳跃（Hopping）实现 Distributed（分布式）的传输。与下行不同，上行不支持时隙（0.5 ms）内的分布式传输，而是采用跳频来实现频域分集的效果。

上行资源分配如图 2.4.4 所示。

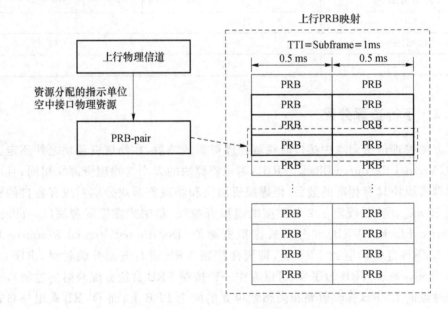

图 2.4.4　上行资源分配

在两个 RB-pair 的情况下,只能实现 2 分集的效果,如图 2.4.5 所示。

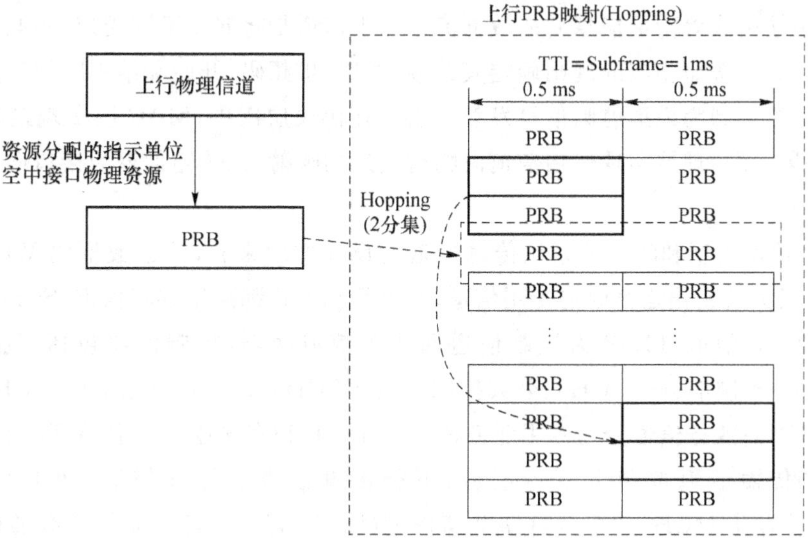

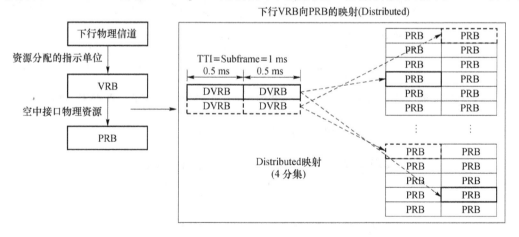

图 2.4.5　上行时隙间跳频

2.4.4　上下行分布式传输的区别

在下行方向上 LTE 采用定义 VRB 和 PRB,以及两者之间映射的方式实现分布方式的传输,包括了"DVRB 向 PRB 的映射"以及"两个时隙之间的 Hopping"。

在两个 DVRB-pair 的情况下,可以实现 4 分集的效果。上行通过时隙间 Hopping 实现子帧内的 Distributed 传输,2 RB-pairs 的情况下只能实现 2 分集的效果,如图 2.4.6 所示。

图 2.4.6　上下行"Distributed"传输的区别

2.5　信道映射

空中接口协议层次中包括逻辑信道、传输信道和物理信道,其中逻辑信道定义传送信息的类型,这些数据流包括所有用户的数据。传输信道是指对逻辑信道的信息进行特定处理后,再加上传输格式等指示信息后的数据流。物理信道是将属于不同用户、不同功能的传输信道数据流,分别按照相应的规则确定其载频、扰码、扩频码、开始和结束时间等并进行相关的操作,在最终调制为模拟射频信号发射出去。在协议层次中,MAC 层实现逻辑信道向传输信道的映射;而物理层实现传输信道向物理信道的映射,以传输信道为接口向上层提供数据传输的服务。

LTE 的信道类型和映射关系从传输信道的设计方面来看,信道数量比 WCDMA 系统有所减少。最大的变化是将取消专用信道,在上行和下行都采用共享信道(SCH)。

LTE 的逻辑信道可以分为控制信道和业务信道两类,控制信道包括广播控制信道(BCCH)、寻呼控制信道(PCCH)、公共控制信道(CCCH)、多播控制信道(MCCH)和专用控制信道(DCCH);业务信道分为专用业务信道(DTCH)和多播业务信道(MTCH)两类。

LTE 的传输信道按照上下行区分,下行传输信道有寻呼信道(PCH)、广播信道(BCH)、多播信道(MCH)和下行链路共享信道(DL-SCH),上行传输信道有随机接入信道(RACH)和上行链路共享信道(UL-SCH)。

LTE 的物理信道按照上下行区分,物理下行信道有公共控制物理信道(CCPCH)、物理数据共享信道(PDSCH)和物理数据控制信道(PDCCH),物理上行信道有物理随机接入信道(PRACH)、物理上行控制信道(PUCCH)、物理上行共享信道(PUSCH)。

具体的信道映射关系如图 2.5.1 和图 2.5.2 所示。

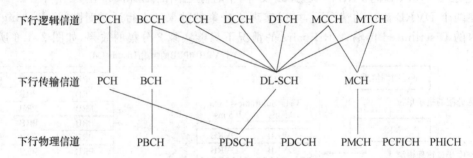

图 2.5.1　下行传输信道映射

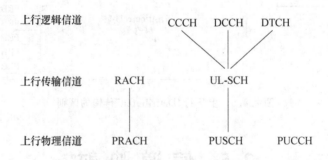

图 2.5.2　上行传输信道映射

各信道占用的物理资源如表 2.5.1 所示。

表 2.5.1　TD-LTE 各信道对应的物理资源及其位置

信道类型	信道名称	资源调度单位	资源位置
控制信道	PCFICH	REG	占用 4 个 REG,系统全带宽平均分配 时域:下行子帧的第一个 OFDM 符号
	PHICH	REG	最少占用 3 个 REG 时域:下行子帧的第一个或前三个 OFDM 符号
	PDCCH	CCE	下行子帧中前 1/2/3 个符号中除了 PCFICH、PHICH、参考信号所占用的资源
	PBCH	N/A	频域:频点中间的 72 个子载波 时域:每无线帧 Subframe 0 第二个 Slot
	PUCCH	N/A	位于上行子帧的频域两边边带上
业务信道	PDSCH/PUSCH	RB	除了分配给控制信道及参考信号的资源

TD-LTE 的部分信道与 TD-SCDMA 信道的功能如表 2.5.2 所示。

表 2.5.2　TD-LTE 物理信道

信道类型	信道名称	TD-SCDMA 类似信道	功能简介
控制信道	PBCH(物理广播信道)	PCCPCH	传输系统带宽、系统帧号、PHICH 的信息以及一些用来进行调度的信息,如主系统信息块(Master Information Block,MIB)
	PDCCH(物理下行控制信道)	HS-SCCH	传输上下行数据调度信令、上下行功控命令寻呼消息调度授权信令、RACH 响应调度授权信令
	PHICH(物理 HARQ 指示信道)	HS-SICH	传输控制信息 HI(ACK/NACK)
	PCFICH(物理层控制格式指示信道)	N/A	指示 PDCCH 所用的符号数目
	PRACH(物理随机接入信道)	PRACH	用户接入请求信息
	PUCCH(物理上行控制信道)	HS-SICH	传输上行用户的控制信息,包括 CQI、ACK/NAK 反馈、调度请求等
业务信道	PDSCH(物理下行共享信道)	PDSCH	下行用户数据、RRC 信令、SIB、寻呼消息
	PUSCH(物理上行共享信道)	PUSCH	上行用户数据、用户控制信息反馈,包括 CQI、PMI、RI

1. 物理下行信道

(1) 同步信道

同步信道(Synchronization Channel,SCH)承载同步信号,同步信号用来确保小区内 UE 获得下行同步。同时,同步信号也用来表示 PCI,区分不同的小区。其中包括:P-SCH(主同步信道),UE 可根据 P-SCH 识别扇区号,获得符号同步,主同步信号(PSS)位于 Dw-PTS 的第三个符号处;S-SCH(辅同步信道),UE 根据 S-SCH 最终获得帧同步,辅同步信号(SSS)位于 5 ms 第一个子帧的最后一个符号处。在频域,同步信道占用的 72 子载波位于系统带宽中心位置。

（2）物理广播信道

物理广播信道（PBCH）用于承载广播信道（BCH），广播接入 LTE 系统所需要的最基本的系统带宽、系统帧号（SFN）、PHICH 配置等信息。PBCH 的周期为 40 ms，每 10 ms 重复发送一次，终端可以通过 4 次中的任一次接收并解调出 BCH。

（3）物理层控制格式指示信道

物理层控制格式指示信道（PCFICH）指示物理层控制信道的格式，即 PDCCH 占用几个符号（1、2 或 3），在每子帧的第一个 OFDM 符号上发送；该信道采用 QPSK 调制，随 PCI 的不同而在频域位移到不同位置，以便随机化干扰。

（4）物理 HARQ 指示信道

物理 HARQ 指示信道（PHICH）指示是否正确收到上行传输数据，采用 BPSK 调制。常规的 PHICH 时域资源配置情况下，PHICH 映射在下行子帧的第一个 OFDM 符号上，可以支持用户数量较少且覆盖范围较小的场景；而扩展的 PHICH 时域资源配置情况下，每个 PHICH 组映射在下行子帧的前 3 个 OFDM 符号上，用于支持覆盖半径较大或用户数量较多的场景。

（5）物理下行控制信道

物理下行控制信道（PDCCH）是传输下行物理层控制信令的主要承载通道，承载的物理层控制信息包括上/下行数据传输的调度信息和上行功率控制命令信息。在频域中可以占用所有子载波；在时域中占用每个子帧的前 n 个 OFDM 符号（$n \leqslant 3$），不同用户使用不同的下行控制信息块（DCI）区分。DCI 占用的物理资源可变，范围为 1～8 个 CCE，DCI 占用资源不同，则解调门限不同，资源越多，解调门限越低，覆盖范围越大；同时如果单个 DCI 占用资源较多，将导致 PDCCH 支持的用户容量下降。

（6）物理下行共享信道

物理下行共享信道（Physical Downlink Shared Channel，PDSCH）用于下行数据的调度传输，是 LTE 物理层主要的下行数据承载信道。PDSCH 可以承载来自上层的不同传输内容（即不同的逻辑信道），包括寻呼信息、广播信息、控制信息和业务数据信息等。

（7）物理控制格式指示信道

物理控制格式指示信道（Physical Control Format Indicator Channel，PCFICH）用于通知 UE 对应下行子帧的控制区域的大小，即控制区域所占的 OFDM 符号（OFDM Symbol）的个数。或者说，PCFICH 用于指示一个下行子帧中用于传输 PDCCH 的 OFDM 符号的个数。

2. 物理上行信道

（1）物理上行共享信道

物理上行共享信道（Physical Uplink Shared Channel，PUSCH）作为物理层主要的上行数据承载信道，用于上行数据的调度传输，可以承载控制信息、用户业务信息和广播业务信息等。

物理层定义了两种上行参考信号，即解调参考信号和探测参考信号。解调参考信号（Demodulation RS，DMRS）是终端在上行共享信道（PUSCH）或者上行控制信道（PUCCH）中所发送的参考信号，用作基站接收上行数据/控制信息时进行解调的参考信号。DMRS 在用户发送的数据或者控制信息的资源上发送。在共享信道 PUSCH 上，每个时隙内

DMRS 占用 1 个 OFDM 符号,用于共享信道(PUSCH)数据的解调。单个 PUSCH DMRS 符号在每个上行时隙中的准确位置取决于是使用了标准 CP 还是扩展 CP。对于每个时隙 具有 7 个 SC-FDMA 符号的常规 CP 而言,PUSCH DMRS 位于中心(即第 4 个)。

对于每个时隙具有 6 个 SC-FDMA 符号的扩展 CP 而言,使用第 3 个 SC-FDMA 符号。 由于 PUSCH RB 的分配大小受限为 2、3 和(或)5 的整数次幂的乘积,因此 DMRS 序列的 长度也受限为同样的倍数。

(2) 物理上行控制信道

物理上行控制信道(Physical Uplink Control Channel,PUCCH) 承载 HARQ ACK/ NACK、调度请求、信道质量指示等信息。同一个 RB 不会同时传送 PUSCH 和 PUCCH。 DMRS 在控制信道 PUCCH 上传输时,根据控制信息格式的不同,每个时隙内 DMRS 占用 2~3 个 OFDM 符号,用于控制信道(PUCCH)数据的解调。

(3) 物理随机接入信道

物理随机接入信道(Physical Random Access Channel,PRACH) 作为非同步用户和 LTE 无线接入的正交传输方案的接口,主要用于网络接入的初始化,为未得到上行同步或 已经失去上行同步的用户实现上行定时同步。其在频域占用 1.08 MHz 的带宽(72 个子载 波),在时域占用普通上行子帧(format 0~3)及 UpPTS(format 4),每 10 ms 无线帧接入 0.5~6 次,每个子帧采用频分方式可支持多个随机接入资源,用于 UE 随机接入时发送 preamble 码(前导码)信息。除 PRACH 上行功控的功率控制为开环控制,不需要接收端的 反馈,发射端根据自身测量得到的信息对发射功率进行控制外,其他信道都采用闭环功控。

2.6　物 理 过 程

2.6.1　小区搜索过程

小区搜索是 UE 进入小区的第一步操作,即 UE 通过完成小区搜索行为取得时间和频 率同步,并检测小区 ID 的过程。这是 UE 进入小区后要完成的第一步,只有完成该步骤后, 才能开始接收其他信道,如广播信道,并进行其他活动。小区搜索过程如图 2.6.1 所示。

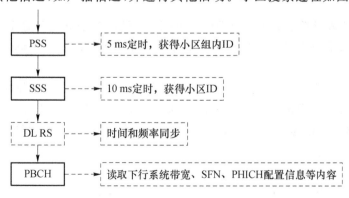

图 2.6.1　小区搜索过程

小区搜索基于3个信号完成:主同步信号、辅同步信号、下行导频信号。其需完成:时间/频率同步,小区ID识别,CP长度检测。完成这些操作后,UE开始读取PBCH的信息。

主同步信号:PSS位于DwPTS的第三个符号处,频域为长度为62的复数序列,有3种不同的取值,用于指示物理层小区标识组内的物理层小区标识。

辅同步信号:SSS位于5 ms第一个子帧的最后一个符号处,频域为长度为62的二进制实数序列(频域实数序列对应时域对称的结构,可用自相关的方法进行搜索),10 ms中的两个辅同步时隙(0和10)采用不同的序列,共有168种组合,在主同步信道的基础上,指示168个物理层小区组ID。

下行导频信号:用于精确的时间同步和频率同步。

2.6.2　同步保持过程

随机接入过程中,随机接入响应携带时间提前量(Time Advanced)信息。

连接状态下的同步保持:在MAC层加了一个控制元素(Control Element)作为Time Advanced指示。

图2.6.2中"DL'Time_Advanced Command'in MAC element"的含义为下行"MAC元素中的时间提前命令";"UL transmission according to 'Time_Advanced Command'"的含义为依据时间提前命令的上行信息发送。

- 使用无线链路质量测量来判断链路是否失步。
- 使用绝对的门限来判断无线链路的质量问题:终端可以检测RS和PCFICH的质量;RAN4定义具体的门限值。
- 向上层报告链路质量问题:在标准中规定终端的检测周期。

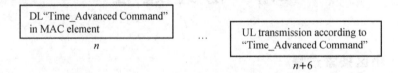

图2.6.2　同步保持过程

2.6.3　随机接入过程

UE在随机接入过程中会用到前导码(Preamble码),Preamble码是UE在物理随机接入信道中发送的实际内容,由长度为Tcp的循环前缀CP和长度为Tseq的序列Sequence组成。

Preamble码用于随机接入时识别UE身份,每个小区同一时间只分配64个Preamble码给UE做随机接入。分配给每个UE的Preamble码各不相同,以防止碰撞、冲突。其中,0~53用于基于竞争的随机接入,进行上行同步;54~63用于基于非竞争的随机接入,由基站分配。

LTE中,随机接入流程如图2.6.3所示,主要分为4个步骤。

- 步骤1　UE随机选择一个Preamble码,在PRACH上发送。
- 步骤2　eNodeB在检测到有Preamble码发送后,下行发送随机接入响应,随机接入响应中包含以下信息：所收到的 Preamble 码的编号；所收到的 Preamble 码对应的时间调整量；为该终端分配的上行资源位置指示信息。

- 步骤 3　UE 在收到随机接入响应后，根据其指示，在分配的上行资源上发送上行消息。该上行消息中至少应包含该终端的唯一 ID（TMSI）或者随机标识（Random ID）。
- 步骤 4　eNodeB 接收 UE 的上行消息，并向接入成功的 UE 返回竞争解决消息。该竞争解决消息中至少应包含接入成功的终端的唯一 ID（TMSI）或者 Random ID。

终端对于 RACH 的处理时延，即从 message2 到 message3 的时延：TDD 终端与 FDD 终端的时延要求均为 4 ms。

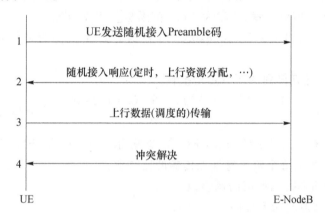

图 2.6.3　LTE 随机接入过程

2.6.4　功率控制过程

针对上行信号和下行信号的不同特点，LTE 定义了相应的功率控制机制。对于上行信号，采用闭环功率控制机制，控制终端在上行单载波符号上的发射功率；对于下行信号，采用开环功率分配机制，控制各个子载波的发射功率，以抑制小区间干扰。功率控制通过调整发射功率，使业务质量刚好满足误块率（Block Error Rate，BLER）要求，避免功率浪费；同时可减小对邻区的干扰。除此之外，上行功率控制可以有效减少 UE 电源消耗。

1. 上行功率控制

上行功率控制控制各个终端到达基站的接收功率，使得不同距离的用户都能以适当的功率到达基站，避免"远近效应"，避免小区间的同频干扰。上行功率控制决定了每个 DFT-S-OFDM 符号上的能量分配。

为了支持小区间干扰协调，在 X2 接口上传输两种信息：

- 过负荷指示；
- E-NodeB 为小区边缘用户安排 PRB 的指示标识。

定义上行的测量量接收干扰功率（Receive Interference Power，RIP），测量基站上行每个 RB 上接收到的干扰功率（包括干扰和白噪声）。

（1）上行物理数据信道的功率控制

上行物理数据信道 PUSCH 在第 i 个子帧（Subframe$_i$）的发送功率由下式给出：

$$P_{\text{PUSCH}}(i) = \min\{P_{\text{MAX}}, 10\lg(M_{\text{PUSCH}}(i)) + P_{0\_\text{PUSCH}}(j) + \alpha(j) \cdot \text{PL} + \Delta_{\text{TF}}(\text{TF}(i)) + f(i)\}(\text{dBm})$$

其中：

——P_{MAX} 表示终端的最大发射功率。

——$M_{\text{PUSCH}}(i)$ 表示传输所使用的 RB 数目。

——$P_{0\_\text{PUSCH}}(j) = P_{0\_\text{NOMINAL\_PUSCH}}(j) + P_{0\_\text{UE\_PUSCH}}(j)$ 是一个半静态设置的功率基准值，可用于对不同的上行传输数据包设定不同的值。

① j 的值为 0 或者 1，由 PDCCH format 0 分配的上行新数据包传输 $j=1$，否则传输 $j=0$。

② $P_{0\_\text{NOMINAL\_PUSCH}}(j)$ 由高层信令指示，长度为 8 bit，范围是 $[-126, 24]$ dBm；而 $P_{0\_\text{UE\_PUSCH}}(j)$ 由 RRC 信令配置，长度为 4 bit，范围是 $[-8, 7]$ dB。

——$\alpha \in \{0, 0.4, 0.5, 0.6, 0.7, 0.8, 0.9, 1\}$ 表示对路径损耗的补偿量，由高层信令指示，长度为 3 bit。

——PL 是终端计算得到的下行路径损耗。

——$\Delta_{\text{TF}}(\text{TF}(i)) = \begin{cases} 10\lg(2^{\text{MPR} \cdot K_S} - 1), & \text{当 } K_S = 1.25 \text{ 时} \\ 0, & \text{当 } K_S = 0 \text{ 时} \end{cases}$ 是一个与编码速率和调制方式相对应的偏移量。其中：K_S 由 RRC 信令指示；TF(i) 是 PUSCH 的传输格式；MPR $= N_{\text{INFO}} / N_{\text{RE}}$，表示每个资源符号上传输的比特数。

——$f(i)$ 是由功率控制形成的调整值。

（2）上行控制信道的功率控制

上行物理控制信道 PUCCH 在第 i 个子帧（Subframe$_i$）的传输功率由下式给出：

$$P_{\text{PUCCH}}(i) = \min\{P_{\text{MAX}}, P_{0\_\text{PUCCH}} + \text{PL} + \Delta_{\text{F\_PUCCH}}(F) + g(i)\}(\text{dBm})$$

其中：

——$P_{0\_\text{PUCCH}} = P_{0\_\text{NOMINAL\_PUCCH}} + P_{0\_\text{UE\_PUCCH}}$ 是一个半静态设置的功率基准值。

① $P_{0\_\text{NOMINAL\_PUCCH}}$ 由高层指示，长度为 5 bit，动态范围为 $[-127, -96]$ dBm。

② $P_{0\_\text{UE\_PUCCH}}$ 由 RRC 信令指示，长度为 4 bit，动态范围为 $[-8, 7]$ dB。

——PL 是终端计算得到的下行路径损耗。

——$\Delta_{\text{F\_PUCCH}}(F)$ 表示 PUCCH 的不同 format 形成的相对于 format 0 的偏移量。

——$g(i)$ 是由功率控制形成的调整值。

2. 下行功率分配

下行功率分配控制基站各个时隙在各个子载波上的发射功率，下行 RS 一般以恒定功率发射，下行共享信道 PDSCH 的发射功率是与 RS 的发射功率成一定比例的。下行功率控制根据 UE 上报的 CQI 与目标 CQI 的对比，调整下行发射功率。下行功率控制决定了每个 RE 上的能量（Energy per Resource Element，EPRE）。

2.6.5　数据传输过程

1. 下行数据传输基本过程

图 2.6.4 是进行下行数据传输时的基本过程，包括下行数据的调度传输（PDCCH＋PDSCH），以及上行 ACK/NAK 的反馈。

图 2.6.4　下行数据传输基本过程

2. 上行数据传输基本过程

图 2.6.5 是进行上行数据传输时的基本过程,包括上行数据的调度(PDCCH format 0)、上行数据的传输(PUSCH),以及下行 ACK/NAK 的反馈(PHICH)。

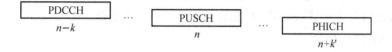

图 2.6.5　上行数据传输基本过程

在有上行调度授权(Uplink Grant)的情况下可以使用 PDCCH format 0 中的新数据指标(New Data Indication,NDI)来替代前一包的 ACK/NAK(即新包代表 ACK、重传代表 NAK),这样就不需要 PHICH 再发。

在 TDD 情况下,不同下行子帧对应的上行 ACK/NAK 时延(k)可能不同。TDD 制式下行数据传输基本过程如图 2.6.6 所示。

图 2.6.6　TDD 制式下行数据传输基本过程

2.6.6　切换过程

LTE 不支持软切换,采用硬切换方式,即先中断源小区的链路,后建立目标小区的链路。其切换过程分为站内切换(即同一个 eNodeB 内的切换)、站间切换(即基于 X2 口的切换、基于 S1 口的切换两种),其中基于 X2 口的切换要求必须使用同一 MME。

LTE 系统的切换流程如下:

- 基站根据不同的需要利用移动性管理算法给 UE 下发不同种类的测量任务,在 RRC 重配消息中携带测量配置(MeasConfig)信元,给 UE 下发测量配置;
- UE 收到配置后,对测量对象实施测量,并用测量上报标准进行结果评估,当评估测量结果满足上报标准后,向基站发送相应的测量报告;
- 基站通过终端上报的测量报告决策是否执行切换;
- 若决定执行切换,则进行切换准备,即目标网络完成资源预留;
- 源基站通知 UE 执行切换,UE 在目标基站上连接完成;
- 源基站释放资源、链路,删除用户信息,切换完成。

1. eNodeB 内的切换

eNodeB 将无线资源控制连接重配(RRC CONNECTION RECONFIGURATION)消息发送给 UE,消息中携带移动性控制信息(Mobility Control Info),包含目标小区 ID、载频、测量带宽、给用户分配的小区无线网络临时标识(Cell Radio Network Temporary Identifier,C-RNTI)、通用 RB 配置信息(包括各信道的基本配置、上行功率控制的基本信息等),给用户配置专用随机接入参数(Dedicated Random Access Parameters),避免用户接入目标小区时有竞争冲突。UE 按照切换信息在新的小区接入,向 eNodeB 发送无线连接控制连接重配完成(RRC CONNECTION RECONFIGURATION COMPLETE)消息,表示切换完成,正常切入到新小区。

2. 基于 X2 口的切换

基于 X2 的切换即两个 eNodeB 之间的切换,MME 不变,切换命令同 eNodeB 内部切换,携带的信息内容也一致,由 MME 负责通知 SGW 修改承载。

3. 基于 S1 口的切换

基于 S1 口的切换是两个 eNodeB 之间的切换,需要同时完成与 eNodeB 建立 S1 接口承载的两个 MME 的切换,即跨 MME 的切换。切换命令同 eNodeB 内部切换,携带的信息内容也一致。

2.7 无线资源管理

无线资源管理就是对移动通信系统的空中接口资源的规划和调度,目的就是在有限的带宽资源下,为网络内的用户提供业务质量保证,在网络话务量分布不均匀、信道特性因信道衰落和干扰而起伏变化等情况下,灵活分配和动态调整无线传输部分和网络的可用资源,最大限度地提高无线频谱利用率,防止网络阻塞,并保持尽可能小的信令负荷。LTE 系统中,无线资源管理对象包括时间、频率、功率、多天线、小区、用户,涉及一系列与无线资源分配相关的技术,主要包括资源分配、接纳控制、负载控制、干扰协调等。

2.7.1 资源分配

LTE 系统采用共享资源的方式进行用户数据的调度传输,eNodeB 可以根据不同用户的不同信道质量、业务的服务质量(Quality of Service,QoS)要求以及系统整体资源的利用情况和干扰水平来进行综合调度,从而更加有效地利用系统资源,最大限度地提高系统的吞吐量。

LTE 系统中,每个用户会配置有其独有的无线网络临时标识(Radio Network Temporary Identifier,RNTI),eNodeB 通过用 UE 的 RNTI 对授权指示 PDCCH 进行掩码来区分用户,对于同一个 UE 的不同类型的授权信息,可能会通过不同的 RNTI 进行授权指示。例如,对于动态业务,eNodeB 会用 UE 的小区无线网络临时标识(C-RNTI)进行掩码;对于半静态调度业务,使用半静态小区无线网络临时标识(SPS-C-RNTI)等。

LTE 下行采用 OFDM,上行采用 SC-FDMA。时间和频率是 LTE 中主要控制的两类资源,包括集中式和分布式两种基本的资源分配方式。

1. 集中式资源分配

集中式资源分配为用户分配连续的子载波或资源块。这种资源分配方式适合于低速度移动的用户,通过选择质量较好的子载波,提高系统资源的利用率和用户峰值速率。从业务的角度讲,这种方式比较适合于数据量大、突发特征明显的非实时业务。这种方式的一个缺点是需要调度器获取比较详细的 CQI 信息。

2. 分布式资源分配

分布式资源分配为用户分配离散的子载波或资源块。这种资源分配方式适合于快速移动的用户,此类用户信道条件变化剧烈,很难采用集中式资源分配。从业务的角度讲,它比较适合突发特征不明显的业务,如 VoIP,可以减少信令开销。

根据传输业务类型的不同,LTE 系统中的分组调度支持动态调度和半静态调度两种调度机制。

3. 动态调度

动态调度中,由 MAC 层(调度器)实时、动态地分配时频资源和允许的传输速率。动态调度是最基本、最灵活的调度方式。资源分配采用按需分配方式,每次调度都需要调度信令的交互,控制信令开销很大,因此,动态调度适合突发特征明显的业务。

4. 半静态调度

半静态调度是动态调度和持续调度的结合。所谓持续调度方式,就是指按照一定的周期,为用户分配资源。其特点是只在第一次分配资源时进行调度,以后的资源分配均无须调度信令指示。半静态调度中,由 RRC 在建立服务连接时分配时频资源和允许的传输速率,也通过 RRC 消息进行资源重配置。与动态调度相比,这种调度方式灵活性稍差,但控制信令开销较小,适合突发特征不明显、有保障速率要求的业务,如 VoIP 业务。

下面对动态资源调度进行详细介绍。

(1) 下行调度

在 TD-LTE 系统中,下行调度器通过动态资源分配的方式将物理层资源分配给 UE,可分配的物理资源块包括 PRB、MCS(Modulation and Coding Scheme,调制编码方式)、天线端口等,然后在对应的下行子帧通过 C-RNTI 加扰的 PDCCH 发送下行调度信令给 UE。在非 DRX 状态下,UE 一直监听 PDCCH,通过 C-RNTI 识别是否有针对该 UE 的下行调度信令,如果 UE 检测有针对该 UE 的调度信令,则在调度信令指示的资源块位置上接收下行数据。

(2) 上行调度

在 TD-LTE 系统中,下行调度器通过动态资源分配的方式将物理层资源分配给 UE,然后在第 $n-k$ 个下行子帧上通过 C-RNTI 加扰的 PDCCH 将第 n 个上行子帧的调度信令发送给 UE,即上行调度信令与上行数据传输之间存在一定的定时关系。在非 DRX 状态下,UE 一直监听 PDCCH,通过 C-RNTI 识别是否有针对该 UE 的上行调度信令。如果有针对该 UE 的调度信令,则按照调度信令的指示在第 n 个上行子帧上进行上行数据传输。

与下行不同的是,上行的数据发送缓存区位于 UE 侧,而调度器位于 eNodeB 侧,为了支持 QoS 感知分组调度和分配合适的上行资源,eNodeB 侧需要 UE 进行缓存状态的上报,即缓冲区状态报告(Buffer Status Report,BSR)状态上报,从而使 eNodeB 调度器获知 UE 缓存区状态。UE 上报 BSR 采用分组上报的方式,即以无线承载组(Radio Bearer Group,

RBG)为单位进行上报,而不是针对每个无线承载。上行定义了4种RBG,RB与RBG的对应关系由eNodeB的RRC层进行配置。

LTE中常用的动态资源调度算法主要有3种。

（1）轮询调度（Round Robin,RR）算法

轮循调度算法假设所有用户具有相同的优先级,保证以相等的机会为系统中所有用户分配相同数量的资源,使用户按照某种确定的顺序占用无线资源进行通信。其主要思想是,以牺牲吞吐量为代价,公平地为系统内的每个用户提供资源。RR算法不考虑不同用户无线信道的具体情况,这虽然保证了用户时间公平性,但吞吐量是极低的。通常RR算法的结果被作为时间公平性的上界。

（2）最大载干比（Maximum Carrier to Interference,Max C/I）调度算法

最大载干比调度算法保证具有最好链路条件的用户获得最高的优先级。无线信道状态好的用户优先级高,使得数据正确传输的概率增加,错误重传的次数减少,整个系统的吞吐量得到了提升。通常Max C/I调度算法的结果被作为系统吞吐量的上界。

（3）比例公平（Proportional Fair,PF）算法

PF算法给小区内每个用户分配一个相应的优先级,小区中优先级最大的用户接受服务。该算法中,第i个用户在t时刻的优先级定义如下:

$$R_i(t) = \frac{\left(\frac{C}{I}\right)_i(t)}{\lambda_i(t)}$$

这里$\left(\frac{C}{I}\right)_i(t)$指第$i$个用户在$t$时刻的载干比,而$\lambda(t)$指该用户在以$t$为结尾的时间窗内的吞吐量。显然,在覆盖多个用户的小区中,当用户连续通信时,$\lambda(t)$逐渐变大,从而使该用户的优先级变小,无法再获得服务。PF算法是用户公平性和系统吞吐量的折中。

3种分组调度算法的简单比较见表2.7.1。

表2.7.1　3种调度算法的比较

调度算法	吞吐量	公平性	算法复杂度	信道状态跟踪	QoS保证机制	适合业务类型
RR	低	最好	低	无		
Max C/I	最高	差	中	有	无	单业务
PF	较高	较好	较高	有		

2.7.2　接纳控制

接纳控制算法应用的场景包括:

① 用户开机、在空闲状态下发起呼叫或者接收到寻呼消息需要建立RRC连接时,用户向eNodeB发送RRC连接请求消息,eNodeB收到RRC连接建立请求消息后,判断是否可以建立RRC连接;

② 核心网节点MME向eNodeB发送承载建立请求消息,请求新的数据无线承载,在承载建立请求消息中携带了请求接纳的承载列表以及每个承载的QoS参数信息,eNodeB根

据收到的消息判断是否可以接纳消息中携带的承载列表中的承载；

③ 核心网节点 MME 向 eNodeB 发送承载修正请求消息，更新已建立承载的 QoS 参数信息，如果 QoS 参数要求提高，例如保证比特速率值增加，则需要 eNodeB 判断是否可以接纳。

当一个连接状态的用户切换到其他小区时，目标小区需要对请求切换的用户进行接纳判决。

在接入网侧，承载类型包括信令无线承载(Signaling Radio Bearer,SRB)和数据无线承载(Data Radio Bearer DRB)，接纳控制算法包括对 SRB 的接纳控制和对 DBR 的接纳控制。上述接纳控制算法应用的场景中，场景①为 SRB 的接纳控制场景，其他为 DBR 的接纳控制场景。

在设计接纳控制算法时，需要考虑的因素包括：

- 硬件负载信息，包括硬件可以支持的用户数以及承载数目；
- 空口的资源利用；
- 用户的服务情况；
- 核心网节点的负荷；
- 承载的接入保持优先级；
- 用户的最大速率限制；
- 承载的 QoS 特性，包括速率要求、时延和丢包率要求。

SRB 的接纳判决需要综合考虑无线接口的负荷状况以及核心网节点的负荷。当小区处于拥塞状态或者核心网节点过载时，会拒绝部分 SRB 建立请求。

LTE 系统为共享资源系统，所有用户通过调度共享资源，小区中的用户数主要受限于小区中总的资源数量。DRB 的接纳主要基于资源利用率进行，设定一个合适的资源利用率门限，当上行和下行同时满足下述条件时，接纳成功，否则接纳失败：

$$\frac{R_{\text{old}}+R_{\text{new}}}{R_{\text{total}}}\times 100\% < \text{TH}$$

式中，R_{old} 为现有用户资源利用数，R_{new} 为新增业务资源需求的预测值，R_{total} 为系统总的可用资源数，TH 为资源利用率门限。

LTE 系统采用共享调度分配资源，当系统中只有几个大数据量的用户时，也有可能占满所有资源，测量得到的所有业务的已有资源利用率并不能真正反映小区的负荷水平，因此，判决条件中的现有用户资源利用量并不是实际测量值，需要经过一定的处理，处理后的值需要反映小区的负荷状况。

在 3G 系统中，存在 QoS 协商过程，如果 eNodeB 按照核心网指示的承载 QoS 参数不能够接纳，NodeB 会尝试降低 QoS 参数要求并进行接纳判决，然后，核心网再决定是否接受 NodeB 所提供的降低的 QoS 参数。LTE 系统改变了过去 3G 中 NodeB 可以参与 QoS 参数协调的 QoS 控制方式，定义了基于运营商的由网络控制的 QoS 授权过程，用户申请某项业务或者应用，核心网通过预设的运营机制和策略映射表，将业务映射到某一种 QoS，不存在 eNodeB 或 UE 参与的 QoS 协商过程，即如果 eNodeB 根据核心网指示的 QoS 参数不能够接纳某个承载，则 eNodeB 指示核心网承载接纳失败。

2.7.3　负荷均衡

负荷均衡用于均衡多小区间的业务负荷水平,通过某种方式改变业务负荷分布,使无线资源保持较高的利用效率,同时保证已建立业务的 QoS。当判定某个小区负荷较高时,将会修改切换和小区重选参数,使得部分 UE 离开本小区,转移到周围负荷较轻的邻区或者同覆盖的小区,这样就达到了将负荷从高的小区重新分布到低的小区的目的。

负荷均衡算法包括 LTE 系统内的负荷均衡以及系统间的负荷均衡,负荷均衡算法的目标包括:

- 各个小区之间的负荷更加均衡;
- 系统间的负荷更加均衡;
- 系统的容量得到提升;
- 尽可能减少人工参与网络管理与优化的工作量;
- 保证用户的 QoS,减少拥塞造成的性能恶化。

根据负荷均衡实现的方式不同,负荷均衡可以采取分布式架构、集中式架构和混合式架构。在分布式架构中,eNodeB 间交互负荷信息,由 eNodeB 执行负荷均衡的决策;在集中式架构中,各个 eNodeB 上报给 O&M 各自的负荷信息,由 O&M 执行负荷均衡的决策;在混合式架构中,各个 eNodeB 交互负荷信息,并作出负荷均衡的决策,eNodeB 作出决策后由 O&M 进行确认,得到确认后 eNodeB 才可以执行后续均衡的操作。其中,集中式和混合式架构都涉及 O&M 的操作,这里只介绍分布式架构下 eNodeB 的负荷均衡操作。

对于 LTE 系统内的负荷均衡算法,考虑的负荷包括资源利用率、硬件负荷指示、传输网络层负荷指示、综合负荷指示。对于系统间的负荷均衡,考虑的负荷包括可利用无线资源、最大吞吐量、最大用户数目。所有系统内和系统间的负荷参数上下行分别统计。

负荷均衡还需要考虑的因素包括:

- 用户目前的业务信息;
- 用户的能力信息;
- 用户签约信息相关的频率和系统优先级;
- 各个系统对业务的支持程度,例如,对于数据业务,LTE 系统可以获得更高的速率。

负荷均衡算法包含如下几个功能模块。

(1) 负荷评估

各个小区监控本小区负荷。

(2) 负荷信息交互

eNodeB 根据一定的机制触发负荷信息交互过程。例如,如果发现某个小区负荷较高,这个小区请求邻区发送负荷信息,收到请求消息的邻小区根据请求消息中的指示报告自己的负荷信息。

(3) 均衡策略

触发负荷信息交互的小区并比较获取的本区和邻区的负荷信息,判定是否需要执行均衡操作。如果需要,则触发均衡操作,修改切换和小区重选参数,可以调整的参数包括小区个性偏移、频率和系统优先级等。

（4）参数协商

源小区将修改的切换相关参数发送给相关的邻小区，目标小区判断是否可以接受源小区的参数建议，如果可以，则参数协商成功。否则，目标小区回复参数修改建议，重新进行参数协商过程。

2.8　LTE 两种制式的对比

LTE 依据其双工方式的不同，可分为 FDD 和 TDD 两种制式，这两种制式共同在 3GPP 框架内进行标准制定，将两种制式的协议实现在相同的规范中描述，并尽可能地保证其协议实现相同，如遇到无法融合的差异，则仅对差异部分进行分别描述，这一指导思想为两种制式的共平台，为低成本实现奠定了基础。

2.8.1　系统设计差异

TD-LTE 与 LTE FDD 上层结构高度一致，也就是说在 2 层与 3 层及更上层结构高度一致，其区别仅在于物理层，而物理层的差异又集中体现在帧结构上。

FDD 模式下，10 ms 的无线帧被分为 10 个子帧，每个子帧包含两个时隙，每时隙长 0.5 ms，如图 2.8.1 所示。

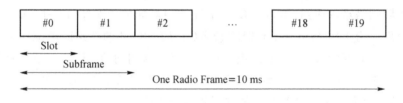

图 2.8.1　FDD 帧结构

TD-LTE 和 LTE FDD 系统的无线帧长均为 10 ms，1 个无线帧分为 10 个 1 ms 子帧，其差别在子帧的使用上。对于 LTE FDD，所有子帧同时用于上行或者下行传输。TD-LTE 的子帧则分为用于上行和下行传输的子帧和特殊子帧。一帧内上行子帧和下行子帧的比例可根据上下行业务比例等系统需求配置，共有 7 种配置模式。特殊子帧中包括 3 个特殊时隙：DwPTS、GP 和 UpPTS。特殊时隙的长度同样可根据网络需求配置。例如，时隙配置 2（上下行时隙配比为 1：3）和特殊时隙配置 5（3：9：2，即 DwPTS、GP、UpPTS 各占用 3 个、9 个和 2 个 OFDM 符号）的系统，其下行传输能力高于上行，且可以与上下行时隙配比为 2：4 的 TD-SCDMA 系统共存。

DwPTS 占用 3～12 个 OFDM 符号（正常 CP 下），可用于下行主同步信号、控制信道（PCFICH、PDCCH、PHICH）和业务信道（PDSCH）的传输。UpPTS 占用 1 个或 2 个 OFDM 符号，主要用于传输探测参考信号（SRS），也可用于随机接入信道（PRACH），但可支持的覆盖半径有限。GP 为上下行传输切换的保护时隙，不传输数据，不同长度的 GP 支持不同的最大覆盖半径,占用 10 个 OFDM 符号的 GP(特殊时隙配置 0)可支持 100 km 覆盖半径。

TDD 帧结构如图 2.8.2 所示。

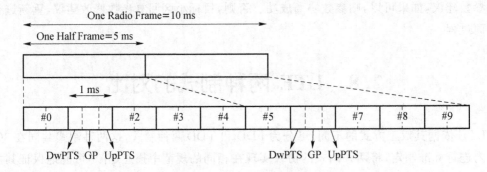

图 2.8.2 TDD 帧结构

TD-LTE 支持 5 ms 和 10 ms 上下行切换点。对于 5 ms 上下行切换周期,子帧 2 和子帧 7 总是用作上行。对于 10 ms 上下行切换周期,每个半帧都有 DwPTS;只在第 1 个半帧内有 GP 和 UpPTS,第 2 个半帧的 DwPTS 长度为 1 ms。UpPTS 和子帧 2 用作上行,子帧 7 和子帧 9 用作下行。

TD-LTE 和 LTE FDD 帧结构的不同,导致了两者的理论峰值速率有所差别。

表 2.8.1 比较了 20 MHz 带宽下,几种不同时隙配比的 TD-LTE 系统和 LTE FDD 系统的峰值速率(注意峰值速率和终端等级有关)。需要指出的是,峰值速率是系统最大的能力,虽然在实际网络难以达到,但可以反映系统的相对能力。对于 TD-LTE 的时隙配比 2(即上下行时隙比为 1:3),由于下行时隙较多(在 10:2:2 的特殊时隙配比下,DwPTS 也可以用于业务信道 PDSCH 的传输),更多的空口资源被用于下行传输,下行传输速率高于 LTE FDD。特殊时隙占用资源导致 TD-LTE 的上行速率低于 LTE FDD。因此,TD-LTE 这种非对称特性更适合于移动互联网的非对称业务承载。

表 2.8.1 TD-LTE 和 LTE FDD 性能比较

接入技术	系统参数	上行/下行峰值终端等级 3/(Mbit·s^{-1})	上行/下行峰值终端等级 4/(Mbit·s^{-1})
TD-LTE	上下行时隙配比:2:2 特殊时隙配置:10:2:2	20.4/61.2	20.4/82.3
	上下行时隙配比:1:3 特殊时隙配置:10:2:2	10.2/81.6	10.2/112.5
LTE FDD	10 MHz×2	25.5/73.4	25.5/73.4

TD-LTE 与 FDD 在帧结构上的差异是导致其他差异存在的根源,TD-LTE 系统具有一些特有技术。

1. 上下行配比

TD-LTE 支持不同的上下行时间配比,可以根据不同的业务类型,调整上下行时隙配比,以满足上下行非对称的业务需求。TD-LTE 不同帧周期的上下行配比如表 2.8.2

所示。

表 2.8.2　TD-LTE 不同帧周期的上下行配比

上下行时隙配置	转换周期	子　帧									
		0	1	2	3	4	5	6	7	8	9
0	5 ms	D	S	U	U	U	D	S	U	U	U
1(2∶2)	5 ms	D	S	U	U	D	D	S	U	U	D
2(3∶1)	5 ms	D	S	U	D	D	D	S	U	D	D
3	10 ms	D	S	U	U	U	D	D	D	D	D
4	10 ms	D	S	U	U	D	D	D	D	D	D
5	10 ms	D	S	U	D	D	D	D	D	D	D
6	5 ms	D	S	U	U	U	D	S	U	U	D

2. 特殊时隙的应用

为了节省网络开销,TD-LTE 允许利用特殊时隙 DwPTS 和 UpPTS 传输系统控制信息。LTE FDD 中用普通数据子帧传输上行导频,而 TD-LTE 系统中,短 CP 时,DwPTS 的长度为 3 个、9 个、10 个、11 个或 12 个 OFDM 符号,UpPTS 的长度为 1~2 个 OFDM 符号,相应的 GP 长度为 1~10 个 OFDM 符号(即 70~700 μs,对应 10.70~110.78 km 覆盖)。UpPTS 中的符号可用于发送上行探测(sounding)导频或随机接入序列。DwPTS 的长度大于 3 时可用于正常的下行数据发送;主同步信号位于 DwPTS 的第三个符号处,同时,该时隙中下行控制信道的最大长度为两个符号〔与多播/组播单频网络(Multicast Broadcast Single Frequency Network ,MBSFN)子帧相同〕。

TDD 特殊子帧结构如图 2.8.3 所示。

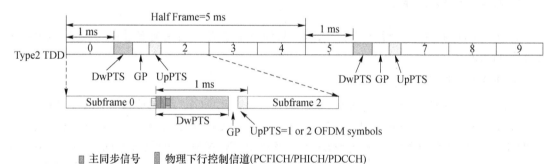

图 2.8.3　TDD 特殊子帧结构图

3. 多子帧调度/反馈

和 FDD 不同,TD-LTE 系统不总是存在 1∶1 的上下行比例。当下行多于上行时,存在一个上行子帧反馈多个下行子帧的情况,TD-LTE 提出的解决方案有 multi-ACK/NAK、ACK/NAK 捆绑(bundling)等。当上行子帧多于下行子帧时,存在一个下行子帧调度多个上行子帧(多子帧调度)的情况。

4. 同步信号设计

除了 TD-LTE 固有的特性之外(上下行转换、特殊时隙等),TD-LTE 与 FDD 帧结构的主要区别在于同步信号的设计。LTE 同步信号的周期是 5 ms,分为主同步信号和辅同步信号。LTE TDD 和 FDD 帧结构中,同步信号的位置/相对位置不同。在 TDD 帧结构中,PSS 位于 DwPTS 的第三个符号处,SSS 位于 5 ms 第一个子帧的最后一个符号处;在 FDD 帧结构中,主同步信号和辅同步信号位于 5 ms 第一个子帧内前一个时隙的最后两个符号处。利用主同步信号、辅同步信号相对位置的不同,终端可以在小区搜索的初始阶段识别系统是 TDD 还是 FDD。

5. HARQ

在 HARQ(混合自动重传)技术的使用上,两者均采用下行异步 HARQ 和上行同步 HARQ,差别在于 HARQ 时序和进程数。对于 LTE FDD,第 n 个子帧的上行或下行数据传输的反馈信息(ACK/NACK)在第 $n+4$ 个子帧上发送,重传则可以在第 $n+8$ 个子帧上发送〔一般 HARQ 的往返时延(Round-Trip Time,RTT)为 8 ms〕。而由于 TD-LTE 的上下行时隙配比存在多种配置,且无对应关系,反馈信息在第 $n+k$ 个子帧上传输,k 的取值范围为 4~13,和时隙配置有关。因此 HARQ RTT 比 FDD 稍长。此外 LTE FDD 的 HARQ 最大进程数为 8,而 TD-LTE 的 HARQ 进程数则和时隙配比有关,下行为 4~15,上行为 1~6。由于上下行时隙配比不对称,需要将多个 ACK/NACK 反馈信息绑定或复用在同一上行控制信道中发送。

TD-LTE 系统的非对称时隙配置还会对上行调度产生影响。例如,当上行时隙多于下行时隙时,需要用一个下行子帧的控制信道(PDCCH)指示多个上行子帧的数据传输。而对于 LTE FDD 系统,一个下行 PDCCH 总是调度其 4 ms 后上行业务信道 PUSCH 的传输。

2.8.2 关键过程差异

LTE TDD 与 FDD 在设计考虑上的差别,导致了它们在某些关键过程的设计上必须采用不同的策略。

1. HARQ 的设计

LTE FDD 系统中,HARQ 的 RTT 固定为 8 ms,且 ACK/NACK 位置固定。TD-LTE 系统中 HARQ 的设计原理与 LTE FDD 相同,但是实现过程却比 LTE FDD 复杂,由于 TDD 上下行链路在时间上是不连续的,UE 发送 ACK/NACK 的位置不固定,而且同一种上下行配置的 HARQ 的 RTT 长度都有可能不一样,这样增加了信令交互的过程和设备的复杂度。

LTE FDD 系统中,UE 发送数据后,经过 3 ms 的处理时间,系统发送 ACK/NACK,UE 再经过 3 ms 的处理时间确认,此后,一个完整的 HARQ 处理过程结束,整个过程耗费 8 ms。在 LTE TDD 系统中,UE 发送数据,3 ms 处理时间后,系统本来应该发送 ACK/NACK,但是经过 3 ms 处理时间的时隙为上行,必须等到下行才能发送 ACK/NACK。系统发送 ACK/NACK 后,UE 再经过 3 ms 处理时间确认,整个 HARQ 处理过程耗费 11 ms。类似的道理,UE 如果在第 2 个时隙发送数据,同样,系统必须等到 DL 时隙时才能发送 ACK/NACK,此时,HARQ 的一个处理过程耗费 10 ms。可见,LTE TDD 系统 HARQ 的过程复杂,处理时间长度不固定,发送 ACK/NACK 的时隙也不固定,给系统的设计增加了难度。

2. 随机接入过程

UE 需要通过 PRACH 发起随机接入过程,PRACH 在频域上占用 72 个子载波,在时域上由循环前缀和接入前导序列两部分组成。TDD 制式下,使用短 RACH 可以充分利用特殊时隙 UpPTS,从而避免占用正常时隙资源。另外,FDD 每子帧最多传输一个 PRACH 信道。由于 TDD 上行子帧较少,为避免出现随机接入资源不足,同时减少用户等待时间,则允许在资源不足时在一个子帧上最多使用 6 个频分的随机接入信道。

3. 寻呼过程

LTE 中没有专门用于寻呼的物理信道,寻呼消息在 PDSCH 信道中发送,可以由网络向空闲态或连接态的 UE 发起。由于 TD-LTE 的寻呼消息必须选择下行子帧才能发送,因此其可用于寻呼的子帧不同于 FDD,对于 FDD,子帧 0、子帧 4、子帧 5、子帧 9 都可以用于寻呼,TD-LTE 子帧 0、子帧 1、子帧 5、子帧 6 可用于寻呼。

2.8.3　TD-LTE 与 LTE FDD 的对比

TD-LTE 在系统设计、关键过程等方面具有自己独特的技术特点,与 LTE FDD 相比,具有特有的优势,但也存在一些不足。

1. TD-LTE 的优势

(1) 频谱配置

频段资源是无线通信中最宝贵的资源,由于 TD-LTE 系统无须成对的频率,可以方便地配置在 LTE FDD 系统所不易使用的零散频段上,具有一定的频谱灵活性,能有效地提高频谱利用率。因此,在频段资源方面,TD-LTE 系统比 LTE FDD 系统具有更大的优势。

(2) 支持非对称业务

移动通信系统不断发展,除了传统语音业务之外,数据和多媒体业务将成为主要内容,且上网、文件传输和多媒体等数据业务通常具有上下行不对称特性。TD-LTE 系统在支持不对称业务方面具有一定的灵活性。根据 TD-LTE 帧结构的特点,TD-LTE 系统可以根据业务类型灵活配置上下行配比,如浏览网页、视频点播等业务,下行数据量明显大于上行数据量,系统可以根据业务量的分析,配置下行帧多于上行帧的情况,如 6DL:3UL,7DL:2UL,8DL:1UL,3DL:1UL 等。而在提供传统的语音业务时,系统可以配置下行帧等于上行帧,如 2DL:2UL。

在 LTE FDD 系统中,非对称业务的实现对上行信道资源存在一定的浪费,必须采用高速分组接入(HSPA)、演进的数据业务(EV-DO)和广播/组播等技术。相对于 LTE FDD 系统,TD-LTE 系统能够更好地支持不同类型的业务,不会造成资源的浪费。

(3) 智能天线的使用

智能天线技术是未来无线技术的发展方向,它能降低多址干扰,增加系统的吞吐量。在 TD-LTE 系统中,上下行链路使用相同频率,且间隔时间较短,小于信道相干时间,链路无线传播环境差异不大,在使用赋形算法时,上下行链路可以使用相同的权值。与之不同的是,由于 FDD 系统上下行链路信号传播的无线环境受频率选择性衰落影响不同,根据上行链路计算得到的权值不能直接应用于下行链路。因而 TD-LTE 系统能有效地降低移动终端的处理复杂性。

（4）与 TD-SCDMA 的共存

由于 TD-LTE 帧结构基于我国 TD-SCDMA 的帧结构，能够方便地实现 TD-LTE 系统与 TD-SCDMA 系统的共存和融合。以 5 ms 的子帧为基准，TD-SCDMA 有 7 个个子帧，且特殊时隙是固定的，TD-LTE 通过调整特殊时隙的长度，就能够保证两个系统的 GP 时隙重合（上下行切换点），从而实现两个系统的融合。

2. TD-LTE 的劣势

TD-LTE 在同一帧中传输上下行两个链路，系统设计较复杂，对设备的要求较高，故存在一些不足。

① 保护间隔的使用降低了频谱利用率，特别是提供广覆盖的时候，使用长 CP，对频谱资源造成了浪费。

② 使用 HARQ 技术时，TD-LTE 使用的控制信令比 LTE FDD 更复杂，且平均 RTT 稍长于 LTE FDD 的 8 ms。

③ 由于上下行信道占用同一频段的不同时隙，为了保证上下行帧的准确接收，系统对终端和基站的同步要求很高。

为了补偿 TD-LTE 系统的不足，TD-LTE 系统采用了一些新技术。例如：TDD 支持在微小区使用更短的 PRACH，以提高频谱利用率；采用多重 ACK/NACK 的方式，反馈多个子帧，节约信令开销等。

受上下行非连续发送影响，TD-LTE 的用户平面时延和控制平面时延与 FDD 相比略有差别，这里用户平面时延指业务信道的空口传输时延，对于 TD-LTE，时隙设计导致上下行时延稍有差别，对 LTE FDD，上下行时延是一样的。此外，HARQ 的重传会增大用户平面时延。控制平面时延分两种，控制平面时延指空闲态到连接态的时延，即终端从 RRC 空闲态发起随机接入，到建立 RRC 连接并进入 RRC 连接状态所需的时间。实际网络中，端到端的用户平面时延一般小 IP 报文（ping 分组）从终端发送到应用服务器，再返回终端所需的 RTT 时间来测量。在传输网和核心网时延相同的条件下，TD-LTE 和 LTE FDD 的端到端时延差别主要在空口时延上，而这一差别为 2～5 ms，对业务的影响可以忽略。

TD-LTE 的特殊时隙配置还会影响其最大覆盖半径，在大部分的特殊时隙配置下，由于 TDD 系统同步的需求，以 GP 长度计算出的理论覆盖半径小于 LTE FDD。需要指出的是，由于两系统资源分配和调制编码方式完全相同，在保证一定边缘用户速率的情况下，TD-LTE 和 LTE FDD 的覆盖能力差异不大。

习题与思考

1. 组成 LTE/EPC 核心网络的基础节点有哪些？并给出英文缩写。
2. 列出 TDD 特殊子帧的结构以及每个部分的传输内容。
3. 写出 LTE 的物理下行信道。
4. 写出 LTE 的物理上行信道。
5. 写出 LTE 物理资源 RE、RB、REG、CCE 的定义。

6. PDCCH 最少占用的比特数是多少？写明计算过程。

7. 简要说明 TD-LTE 物理层帧结构。

8. 简要说明 TD-LTE 特殊子帧的帧结构特点。

9. 简述 eNodeB 的功能。

10. 简述 MME 的功能。

第 3 章 LTE 移动网络规划

【本章内容简介】

本章主要介绍 LTE 总体规划流程,以及需求分析、预规划、站址规划、网络仿真、无线资源与参数规划等具体的 LTE 移动网络规划理论及方法。

【本章重点难点】

LTE 需求分析、预规划、站址规划、网络仿真、无线资源与参数规划。

3.1 总体规划流程

LTE 总体规划流程可以分为需求分析、预规划、站址规划、网络仿真、无线资源与参数规划等阶段。具体流程如图 3.1.1 所示。

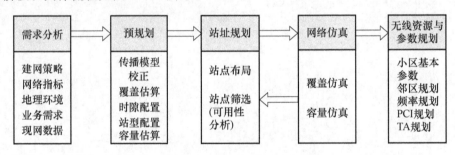

图 3.1.1 LTE 无线网络规划流程

1. 需求分析

需求分析即通过前期资料准备及现场调研阶段,确定建网策略,明确网络指标,熟悉地理环境,分析业务需求,获取现网数据;主要内容是进行方案总体策划,对现有资料进行收集,对规划目标进行制订,对相关信息进行调研。

2. 预规划

在预规划工作中,通过传播模型校正、覆盖估算、时隙配置、站型配置、容量估算等,主要进行方案规模的确定、小区覆盖方向的确定以及布点方案的确定。

3. 站址规划

站址规划的工作包括"站点布局"及"站点筛选";其主要内容是根据布点方案,进行现场选点确认,并根据现场实际情况,对规划方案进行调整。

4. 网络仿真

网络仿真包括"覆盖仿真"及"容量仿真";主要内容是使用专业的仿真工具,对选点后的规划方案进行仿真,验证方案是否满足规划目标要求。如果满足,可输出方案;如果不满足,则需要调整方案,重新选点确认。

仿真完成后,根据仿真结果进行不达标区域的筛选和重新选址工作,并再次进行仿真,直到规划方案满足此次规划要求。

5. 无线资源与参数规划

通过规划工具输出详细的无线参数,主要包括天线高度、方向角、下倾角等小区基本参数,邻区规划参数,频率规划参数,PCI 参数,TA 参数等。

3.2　需求分析

3.2.1　网络指标要求

LTE 规划指标体系主要包括覆盖和容量两大指标。覆盖指标主要关注 RSRP(公共参考信号接收功率)和 RS-SINR(公共参考信号信干噪比);容量指标应重点关注边缘用户速率、小区平均吞吐量等。

LTE 无线网络规划指标如图 3.2.1 所示。

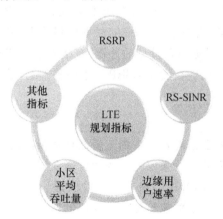

图 3.2.1　LTE 无线网络规划指标示意图

RSRP:主要反映信号场强情况,综合考虑终端接收机灵敏度、穿透损耗、人体损耗及干扰余量等因素;以中国移动测试数据结合 TD-LTE 系统设备参数为例,其室内 RSRP 要求不小于−113 dBm。

RS-SINR:主要反映用户信道环境,与用户下行速率存在强相关性,一般情况下,

RS-SINR值越高,传输效率就越高,规划时应保证 RS-SINR 达到基本接入要求,并且尽量提高该指标;从扩大规模实验网大量数据分析,RS-SINR 与业务速率之间有稳定的对应关系,以中国移动扩大规模实验网测试数据为例,50%加载自适应场景下,占用 100RB 对应的业务速率指标如表 3.2.1 所示。

表 3.2.1　占用 100RB 对应的业务速率与 RS-SINR 对应关系

RS-SINR/dB	业务速率/(Mbit·s^{-1})
−5	1
−3	2
−2	3
−1	4

由此可见,为保证 TD-LTE 网络质量,要求网络结构均能满足良好要求,即区域重叠覆盖强度大于等于 30 的比例低于 5%,对应的边缘 RS-SINR 大于等于−3 dB。

小区平均吞吐量:反映了一定网络负荷和用户分布下的基站承载效率,是网络规划重要的容量评价指标,3GPP 要求 LTE 系统每兆赫兹下行平均用户吞吐量应达到 R6 HSDPA 的 3~4 倍,上行平均用户吞吐量应达到 R6 HSUPA 的 2~3 倍;以中国移动 TD-LTE 网络为例,若现网 TD-S 的配置为 4:2,TD-LTE 在需要和 TD-S 邻频共存的场景下,上下行时隙配置为 1:3,特殊子帧配置为 3:9:2,此时 TD-LTE 下行扇区吞吐量为 28 Mbit/s 左右。

边缘用户速率:指标定义为 95%用户都能达到的速率,主要关注在信道环境较差的点能否保障用户的感知;以中国移动扩大规模实验网测试数据为例,为保证 LTE 网络性能,要求在邻小区 50%负载下,边缘用户速率应大于 1 Mbit/s(50 RB)。

其他网络指标还包括接通率、BLER Target(块差错率目标值)等,与传统 2G/3G 定义上无差别。

就 LTE 网络来说,覆盖方面 SINR 与系统的吞吐量更为紧密。与 2G/3G 网络相比,LTE 对信号质量更为敏感,规划应该从传统的注重场强的思路向场强与质量"两手抓"的思路转变。RS-SINR 是 LTE 网络规划设计的关键,直接影响网络性能,因此同频组网的 LTE 网络不能只关注 RSRP 指标,而应在满足 RSRP 要求的基础上,重点关注 RS-SINR 指标。

3.2.2　网络规划建设策略

在确定网络建设指标之后还需要对本期工程规划建设的思路进行讨论,明确建设重点,提炼规划建设策略。一般情况下一张新网络的建设需要经过 4 个阶段:试验网阶段、预商用阶段、商用初期阶段及成熟商用阶段。根据不同阶段建设运营的需要,LTE 业务的推广有很大区别,因此 LTE 网络的规划覆盖策略也有相应的调整。

1. 试验网阶段

LTE 试验网阶段主要是对新技术、新设备的验证,网络基本不承载商用用户和商用终端,业务方面以公开演示和宣传类体验为主。终端方面主要是以单模/多模数据卡、CPE(客户终端设备)等终端为主,用户较少。

因此本阶段的网络规划主要以局部热点规划为主,在局部形成连续覆盖的网络,以便对设备和终端进行测试,并积累网络规划、建设、优化经验。

2. 预商用阶段

LTE 预商用阶段主要是为商用做准备,验证设备的可靠性及性能,优化并调整网络及相关业务支撑系统等,重点面向友好用户发放数据卡、CPE 及移动 WIFI 设备(MIFI)等终端,通过用户测试进一步对网络进行优化调整。

本阶段需要根据试验网中的测试结果,制订 LTE 网络规划指标,并基本完成全网规划。但是一般情况下运营商并没有能力一次性完成全网建设,因此可以采取分步实施的建设方式,在数据业务热点优先建设 LTE 网络并完成深度连续覆盖,为预商用用户提供良好的体验并打造高端品牌形象。

3. 商用初期阶段

LTE 商用初期仍然以数据卡、CPE 及 MIFI 为主,并投放少量多模双待终端,业务仍然以数据业务为主,但是用户数会爆发式增长,分流 2G/3G 数据业务流量。

本阶段的建设重点以全网规划为蓝本,结合试商用网的建设经验,对规划方案进行调整优化,并大规模地开展网络建设,从数据热点出发,逐步完成城区和镇区的连续覆盖。

4. 成熟商用阶段

在本阶段,终端开始多样化,VoIP、高清视频通话将成为主流业务之一。用户数据的大量增加将会对网络容量造成压力,因此补盲覆盖和异构网将成为建设重点,形成立体化、多元化的网络架构才能保障用户得到良好的业务体验。同时 LTE-A 技术也将会被引入现网来增加热点区域的容量,本阶段的规划重点将从覆盖转向容量和用户感知保障。

5. 不同阶段不同场景的规划策略

上文提到了在预商用阶段进行全网规划,并在商用阶段分步进行网络建设的思路,一般情况下分步建设的方法就是对全网按照地理类型、城市功能区规划等进行场景划分,对不同场景采取不同的覆盖策略。

如果按照无线传播环境,一般情况下可以分为密集市区、一般市区、郊区和乡镇、农村,以及道路、山地、水面等其他特殊地形,如图 3.2.2 所示。

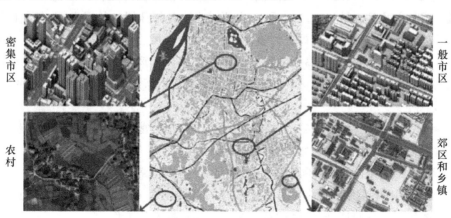

图 3.2.2　无线传播环境示意图

（1）密集市区

密集市区的特征主要是建筑物密集，高楼大厦相互紧邻，从卫星照片上看建筑物间几乎没有空隙和成片绿地，建筑物平均高度超过 30 m，平均楼间距小于 30 m。该区域一般情况下都是城市中最繁华的地段，高端写字楼、大型商场、高层住宅楼及豪华星级酒店等集中分布，用户以高端客户为主，业务密度极高。

（2）一般市区

一般市区与密集市区的区别主要是在建筑物的密度和高度上。一般情况下，一般市区的建筑物平均高度在 15~30 m，建筑物的楼间距小于 50 m，主要以 9 层或 9 层以下的建筑物为主，中间可能分布零星高层建筑。典型的代表如城市旧中心区、县城区域等，业务密度一般。

（3）郊区和乡镇

该部分区域一般地形比较开阔，建筑物排列比较稀疏，建筑物以 6 层以下的楼房为主，如新开发的工业区、乡镇政府所在区域等，业务密度一般。

（4）农村

农村地区人口集中度较差，一般情况下话务密度较小，地势开阔，建筑物零散分布且以 3 层以下的低矮建筑为主。

（5）道路

道路分为高速铁路、高速公路、一般道路等。其中高速铁路与高速公路较为特殊，主要是用户在高速路上移动速度较高，传统建网方式会导致用户在单个扇区的停留时间较短，会产生大量切换，容易产生掉线、数据速率较低等现象，因此采用专网覆盖。一般情况下，一般道路上业务密度不高，但是交通事故、天气原因或者节日庆典活动等会造成道路上的业务量突发增长。

（6）山区、水面

山区属于无线传播环境较为恶劣的区域，站点建设困难，光纤资源匮乏，业务量较小。

水面主要是指江、河、湖、海等大面积的水域，无线信号没有阻挡并经过水面反射，传播距离较远，信号杂乱且容易相互产生干扰，主要满足少量特殊用户的需求，业务量也较小。

如果按照业务特征，一般可以分为室外、室内两大区域。室外又可划分为商务区、商业区、政务区、居民区、工业园区、高校与科技园区、3A 级以上风景区及其他场景等；室内可以分为住宅、写字楼、商场、交通枢纽、工厂、宾馆酒店、学校、医院、娱乐餐饮、党政军机关驻地及其他场景等。

在实际规划中，两种划分方式经常结合使用。例如，在密集城区的商务区一般划分为中心商务区，而在一般城区的商务区则可以划分为一般商务区等。

结合 LTE 的商用阶段，对不同场景可采取以下建设思路。

① 在试验网阶段，挑选少量数据业务热点，充分利用运营商自有物业建设小规模试验性网络，主要用于设备验证、网络测试及网络建设模式探索等工作。

② 在预商用阶段，室外部分对中心商务区、中心政务区、高校和科技园区进行深度覆盖，室内部分则重点考虑室外覆盖区域内的星级酒店、高档写字楼、党政军机关驻地、体育场

馆、会展中心、交通枢纽等。

③ 在商用初期阶段,室外部分建议覆盖城区和县城所有数据热点,暂不考虑农村和乡镇的广域覆盖,但是 3A 级以上景点和重要道路可以优先考虑。室内部分进一步扩展城区和县城内的重要建筑,在室外覆盖扩大的同时做好室内深度覆盖。

④ 在成熟商用阶段,室外部分要做到广域覆盖,达到目前 2G 网络的覆盖水平,在城区业务热点区域要规划建设 TD-LTE/LTE FDD 融合的网络,同时满足容量和覆盖的需求。

3.2.3　业务需求分析

1. LTE 业务定位

LTE 为纯数据移动通信网络,采用了扁平化的网络架构,缩短了端到端的时延,适合开展高速、移动及实时的业务。

在不同的商用阶段承载不同的业务是 LTE 网络建设的特点之一,因此在规划之前需要跟踪 LTE 的建设进程,根据建设需求来考虑业务规划。一般通过分析 2G/3G 中的数据业务分布情况确定现网数据业务高发区域,以此作为 LTE 网络规划的重点。

具体做法可以参考下面的方法。

- 利用规划工具确定各 2G/3G 宏基站的最佳服务小区,确定各小区的覆盖面积,记为 S_i(i 为小区编号)。
- 取各小区最近一周内每天数据业务最忙时的数据流量均值,记为 P_i(i 为小区编号)。
- 各小区的数据业务密度记为 $D_i = P_i/S_i$,全网平均数据业务密度为 D:若(D_i/D)≥2,则该小区为 1 级热点小区;若 2>(D_i/D)≥1.5,则该小区为 2 级热点小区;若 1.5>(D_i/D)≥1,则该小区为 3 级热点小区;若 1>(D_i/D)≥0.5,则该小区为 4 级热点小区;若 D_i/D<0.5,则该小区为非热点小区。
- 将各级热点小区分别显示在地图上,根据热点小区的分布确定热点区域。

2. LTE 典型业务介绍

3GPP 将系统提供的业务主要分为 4 个大类,即会话类、交互类、流类和背景类。其中定义的最大带宽需求是 384 kbit/s,端到端的时隙最严格的要求为小于 75 ms。

但是随着移动终端处理能力的提升,一些对移动互联网要求较高的业务迅猛发展,甚至一些在传统有线宽带网的业务出现在了人们的眼前。

(1)高清视频业务

随着智能手持终端的普及,5 英寸(1 英寸=2.54 cm)大小且支持 1080P 的智能手机成了消费者青睐的产品,从而带动了移动互联网高清视频业务的普及。目前来说下行带宽至少要满足 720P 分辨率的要求,这样才能给消费者良好的体验,由于手机的限制,一般视频厂商提供的视频码率都在 1.3~1.8 Mbit/s,因此良好感知体验要求上下行的带宽达到 64 kbit/s 和 2 Mbit/s。

(2)高清视频通话

高清视频通话是指通话双方通过 IMS 或 OTT(Over the Top)服务进行实时高清视频

通话,上下行带宽均要满足 720P 的分辨率,因此上下行带宽要求均为 2 Mbit/s,如果上行不能满足可以自动降至 VGA 的标清分辨率,上下行最低带宽要求为 800 kbit/s。

(3) 高清视频监控

高清视频监控是指企业或个人利用高清摄像头将高清视频传送至中央服务器,然后经过中央服务器转发至终端,让客户可以实现安全预防、预警等作用。高清摄像头侧上下行带宽要求为 2 Mbit/s 和 64 kbit/s,客户移动终端上下行带宽要求为 64 kbit/s 和 2 Mbit/s。

(4) 网络浏览

不同于传统的上网浏览,这里讨论的是高速上网服务。随着智能终端的发展和普及,目前越来越要求移动终端上网能达到传统有线网络的体验。根据业界实验室数据,当有线宽带高于 1 Mbit/s 带宽的时候,用户网页浏览将达到良好的体验,即 1 Mbit/s 的下行,256 kbit/s 的上行。

(5) 云服务

目前,以云盘为主的各种云服务已经在逐步演进。未来,大家会像习惯电子邮件一样在云中操作自己的文件,分享自己拍摄的照片和视频等。而享受云计算带来的各种便利需要高速稳定的网络支持。

3. 业务需求预测

目前常用的预测模型较多,大致可以分为用户规模预测和业务量预测两类,不同的模型对应不同的预测理论和历史数据。下面主要介绍 LTE 规划可能适用的预测模型。

(1) 用户规模预测

常用的用户规模预测有曲线拟合、渗透率分析、类比、统计分析,但是这些方法都各有各的局限性,比较适合用于成熟且有历史数据积累的场景。

LTE 可采用市场策略预测法。从 3G 开始,国内运营商已经加大了对终端渠道的管控力度,每家运营商都成立了自己的终端公司,用户数的增长趋势与终端公司和运营商市场终端投放策略高度重合。

所以,跟踪每年的终端投放策略,终端投放与终端在网激活的比例关系即可以比较准确地预测未来的用户增长趋势。

(2) 业务量预测

业务量预测从 GSM 时代就是网络规划中的重要输入数据,它是决定网络建设投资规模的主要因素之一,在很大程度上影响运营商的投资收益比。准确进行业务量预测对整个无线网络规划有着非常重要的意义。常用业务量预测方法包括趋势外推法、计费时长转换法、基于历史数据单用户业务量的预测模型和基于目标网业务的单用户业务量的预测模型等。

① 趋势外推法

趋势外推法(Trend Extra Polation)是根据过去和现在的发展趋势推断未来的一类方法的总称,用于科技、经济和社会发展的预测,是情报研究法体系的重要部分。

趋势外推法首先由 R. 赖恩用于科技预测。他认为,应用趋势外推法进行预测,主要包括以下 6 个步骤:

a. 选择预测参数；

b. 收集必要的数据；

c. 拟合曲线；

d. 趋势外推；

e. 预测说明；

f. 研究预测结果在制订规划和决策中的应用。

趋势外推的基本假设是未来系过去和现在连续发展的结果。当预测对象依时间变化呈现某种上升或下降趋势，没有明显的季节波动，且能找到一个合适的函数曲线反映这种变化趋势时，就可以用趋势外推法进行预测。趋势外推法的基本理论是，决定事物过去发展的因素，在很大程度上也决定该事物未来的发展，其变化不会太大；事物发展过程一般都是渐进式的变化，而不是跳跃式的变化，掌握事物的发展规律，依据这种规律推导，就可以预测出它的未来趋势和状态。

趋势外推法是在对研究对象过去和现在的发展做了全面分析之后，利用某种模型描述某一参数的变化规律，然后以此规律进行外推。为了拟合数据点，实际中最常用的是一些比较简单的函数模型，如线性回归模型、指数曲线模型、生长曲线模型、包络曲线模型等。在通信业务中预测客户，经常使用线性回归模型、指数曲线模型等，其中线性回归模型常借助 Excel 中的 trend 函数直接进行曲线拟合。

由于趋势外推法简单、实用，既可以用于数据业务，也可以用于语音业务，因此在通信行业中被广泛使用。但是由于其只考虑历史因素，没有办法体现未来业务发展过程中的新生变化因素，其预测结果只在短期内有参考性，远期预测结果通常有较大的偏差。

② 计费时长转换法

计费时长的变化趋势与当地经济发展情况、运营商市场策略、资费政策调整等有很强的关联性，一般情况下可以较为准确地预测业务量。将计费时长转换为网络侧的业务量可以有效地体现市场与网络运营相关联的思路。

对于数据业务，其转换公式一般为：

系统忙时数据流量＝年数据流量/折算系数×忙月集中系数×忙日集中系数×忙时集中系数

不过计费时长一般情况下要对市级公司以上的区域进行整体预测才比较有意义，不适用于较小区域内的预测。

③ 基于历史数据单用户业务量的预测模型

本预测方法一般与用户数预测结合使用，基本思路为：

未来业务量＝未来单用户业务量×未来用户数

单用户业务量主要是指单用户系统忙时的业务量，该值为统计意义上的值，即系统忙时每用户平均业务量。一般情况下，该值受节日、博彩日的影响较大，因此需要避开此类数据，最好每月取一周左右的非特殊日数据，取其平均值作为本月的单用户业务量。

如果要考虑节假日的波动，则需要考虑节假日波动系数。

④ 基于目标网业务的单用户业务量的预测模型

本模型主要从用户的体验出发，考虑每种业务的使用习惯和满足体验需要的带宽需求，典型方法如坎贝尔算法。

坎贝尔算法综合考虑所有业务需求,构造一个虚拟业务,计算总的等效业务量和系统提供该业务的信道数量,计算比较简单,易于实际应用,计算结果适度。

坎贝尔算法的计算步骤为:

a. 考虑所有的业务,构造一个虚拟业务;

b. 计算系统提供该虚拟业务的信道数和总的等效业务量;

c. 计算得到混合业务的容量。

$$m = \sum_i A_i \times E_i \quad v = \sum_i A_i^2 \times E_i$$

$$A_x = \frac{v}{m} \quad E_x = \frac{m}{Ax}$$

其中:

m 为虚拟业务量的均值;

v 为虚拟业务量的方差;

A_i 表示第 i 种业务的单用户负荷;

E_i 表示第 i 种业务的话务量;

A_x 表示虚拟业务的单用户负荷;

E_x 表示单用户的虚拟话务量。

3.3 现网站址资源分析

一般来说传统运营商都拥有 2G 或 3G 网络,LTE 的建设可以优先选择共用 2G/3G 基站的相关站址和配套资源,主要包括机房、杆塔、外电、配套电源及空调等资源。2G/3G 网络已经运营了多年,积累了大量的历史数据,因此在 LTE 规划前首先对现网进行摸底很有必要。

在本分析过程中主要收集、核实现网基站参数,如经纬度、天线高度、设备型号、方向角、下倾角、电源类型、传输资源、机房配套及天馈配套等资源,为 LTE 预规划提供数据支撑。

3.4 覆 盖 估 算

在 LTE 系统中,不存在电路域业务,只有 PS 域业务。不同 PS 数据速率的覆盖能力不同,在覆盖规划时,须首先确定边缘用户的数据速率目标。不同的目标数据速率的解调门限不同,导致覆盖半径也不同。LTE 在进行覆盖规划时,可以灵活地选择用户带宽和调制编码方式组合,以应对不同的覆盖环境和规划需求。由于 LTE 系统采用了 OFDM 多址接入方式,不同用户间频率正交,使得同一小区内的不同用户间的干扰几乎可以忽略,但小区间的同频干扰依然存在,不同的干扰消除技术对小区间业务信道的干扰抑制效果不同,从而影响 LTE 链路预算。此外,不同的多天线传输方式会带来不同的多天线增益,而较高的频段也会带来相应的传播损耗。这都使得 LTE 的链路预算与 2G/3G 有较大的差别。

3.4.1　覆盖特性及目标设定

LTE 的覆盖特性及目标设定主要包括以下 6 个方面。

1. LTE 覆盖的目标业务为一定速率的数据业务

在 TD-SCDMA 的 R4 业务中,电路域 CS 64 kbit/s 是 3G 的特色业务,覆盖能力最低,运营商一般以 CS 64 kbit/s 业务作为连续覆盖的目标业务。在给定的环境和目标 BLER 的条件下,CS 64 kbit/s 业务解调门限固定,通过链路预算可以获得系统的覆盖半径。而在 LTE 中,不存在电路域业务,只有 PS 域业务,不同 PS 数据速率的覆盖能力不同,在覆盖规划时,须首先确定边缘用户的数据速率目标,如 128 kbit/s、500 kbit/s、1 Mbit/s 等,不同的目标数据速率的解调门限不同,导致覆盖半径也不同。

LTE 主要承载高速数据业务,具备承载语音业务功能,其终端主要为智能手机和 CPE,所以业务目标建议是空载时,小区边缘用户可达到 1 Mbit/s 和 250 kbit/s(下行和上行)。

2. 用户分配的 RB 资源数将影响覆盖

在 TD-SCDMA 系统中,系统的载波带宽固定,在基站侧接收机产生的噪声也相对固定,用户分配的时隙数或码道数等系统资源的多少并不直接影响覆盖。LTE 系统中,用户分配的 RB 资源数不仅影响用户的数据速率,也影响用户的覆盖。RB 是 LTE 系统中用户资源分配的最小单位,当系统的载波带宽为 20 MHz 时,系统共有 100 个 RB 可供系统调度,每个 RB 由 12 个 15 kHz 带宽(频带宽度共 180 kHz 左右)的子载波组成。分配给用户的 RB 个数越多,用户数据速率越高,该用户占用的频带总带宽越高,接收机端噪声也随带宽的增加而升高。

下行方向,分配 RB 的个数对覆盖的影响相对较小。主要原因是:一方面,下行的发射功率是在整个系统带宽 100 个 RB 上均分的,针对单个用户的基站的等效发射功率将随着用户占用 RB 个数的增加而增高,会使下行覆盖提升;另一方面,用户占用 RB 个数的增加,使得基站接收机的噪声也随频带带宽的增加而升高,会使下行覆盖收缩。上述两个因素综合的结果,将使得当用户占用下行 RB 个数变化时,覆盖距离的变化较小。

上行方向,分配 RB 的个数对覆盖的影响很大。由于用户的最大上行发射功率是固定的,LTE 协议规定的 UE 最大发射功率为 23 dBm,不会随分配给用户的上行 RB 个数的多少而变化;用户占用的上行 RB 个数的增加,使得基站接收机的噪声也随频带带宽的增加而升高,会使上行覆盖收缩。

在 20 MHz 带宽情况下,RB 总数为 100 个,考虑同时调度 10 个用户,边缘用户分配 RB 数为 10 个。

3. 多样的调制编码方式对覆盖的影响较复杂

在 TD-SCDMA R4 及 HSDPA 中,没有 64QAM 高阶调制方式,仅有编码率为 1/2、1/3 等的少数编码方式。与 TD-SCDMA 相比,LTE 中增加了 64QAM 高阶调制方式,且编码率更丰富。当用户分配的 RB 个数固定时,调制等级越低,编码速率越低,SINR 解调门限越低,覆盖越广。

表 3.4.1 所示为 LTE 的典型调制编码方式。

表 3.4.1 LTE 典型调制编码方式

MCS 标号	调制方式	码 率	20 MHz 数据速率/(Mbit·s⁻¹)		40 MHz 数据速率/(Mbit·s⁻¹)	
			GI=800 ns	GI=400 ns	GI=800 ns	GI=400 ns
0	BPSK	1/2	6.5	7.2	13.5	15.0
1	QPSK	1/2	13.0	14.2	27.0	30.0
2	QPSK	3/4	19.5	21.7	40.5	45.0
3	16QAM	1/2	26.0	28.9	54.0	60.0
4	16QAM	3/4	39.0	43.3	81.0	90.0
5	64QAM	2/3	52.0	57.8	108.0	120.0
6	64QAM	3/4	58.5	65.0	121.5	135.0
7	64QAM	5/6	65.0	72.2	135.0	150.0

4. 天线类型对覆盖产生巨大影响

MIMO 和波束赋形等天线技术是 LTE 系统的关键技术。基于传输分集(SFBC)的 MIMO 天线方式为系统提供了基于发射分集的下行覆盖增益;基于波束赋形的天线方式在下行方向提供了赋形增益和分集增益,在上行方向提供了接收分集增益。

根据初步的理论和仿真分析,不同天线类型的下行覆盖能力的大小顺序为:

① 8×2 波束赋形(基站 8 根天线发射赋形,终端 2 根天线接收);

② 2×2 SFBC(基站 2 根天线 SFBC 分集发射,终端 2 根天线接收);

③ SIMO(基站单根天线发射,终端 2 根天线接收);

④ 2×2 MIMO(基站 2 根天线空分复用发射,终端 2 根天线接收)。

主要原因是:基于空分复用 2×2 MIMO 对用户 SINR 解调门限要求最高,SIMO 和 2×2 SFBC 其次,而 8×2 波束赋形最低。

在覆盖规划中,天线采用 8 阵元双极化天线,边缘用户主要采用波束赋形方式。

5. 呼吸效应对 TD-LTE 覆盖的影响依然存在

TD-SCDMA 系统存在呼吸效应,当网络负载上升时,小区覆盖范围收缩。TD-LTE 系统采用了 OFDMA 的方式,由于不同用户间频率正交,使得同一小区内的不同用户间的干扰几乎可以忽略。但 TD-LTE 系统的小区间的同频干扰依然存在,ICIC 等干扰消除技术可减少小区间业务信道的干扰,但残留的小区间同频干扰仍有可能使得 TD-LTE 系统存在一定的呼吸效应。

6. 系统帧结构设计使得 TD-LTE 支持更大的覆盖极限

TDD 系统的覆盖半径主要受限于上下行导频时隙之间的保护间隔 GP 长度。在常规的时隙配置下,TD-SCDMA 系统的帧结构支持的理论最大覆盖半径大约为 11 km,牺牲一定的业务时隙的容量可获取更大的小区半径。对于 TD-LTE 系统来说,特殊时隙内的 DwPTS 和 UpPTS 时间宽度、保护间隔 GP 的位置和时间长度可调,最大极限可支持 100 km。

在 TD-LTE 与 LTE FDD 的竞争上来看,FDD 覆盖能力总体优于 TD-LTE。从 LTE

频谱分配来看,FDD 频段普遍较低。网络的频谱越高覆盖能力越弱,意味着 TDD-LTE 要实现优质的网络覆盖需要建设更多的站点。特别对于室内用户而言,深度覆盖将是不可回避的问题。在相同频段下,TDD-LTE 较 FDD-LTE 在基站侧噪声系数相差 1.5 dB,解调门限相差 0.3 dB;8 天线 TD-LTE 相对于 2 天线的 FDD,天线最大增益相差 3 dB,解调门限低 7.1 dB;同时 FDD 比 TDD 所用的 RB 数目少,平均每个 RB 的发射功率大。

3.4.2　链路预算

链路预算是覆盖规划的前提,通过它能够指导规划区内小区半径的设置、所需基站的数目和站址的分布。链路预算要做的工作就是在保证通话质量的前提下,确定基站和移动台之间的无线链路所能允许的最大路径损耗。

一般情况下,下行覆盖大于上行覆盖,即上行覆盖受限。

从链路预算给出的最大路损,结合传播模型可计算出小区的覆盖范围,如图 3.4.1 所示。

图 3.4.1　链路预算原理

LTE 链路预算具有以下特点。

① LTE 的业务信道是共享的,没有 CS 域业务、只有 PS 域业务,不同 PS 域业务的速率解调门限不同,导致覆盖范围也不同。因此链路预算时首先要确定小区边缘用户的最低保障速率。

② LTE 系统可配置 1.4 MHz、3.0 MHz、5.0 MHz、10.0 MHz、15.0 MHz 及 20.0 MHz 等 6 种信道带宽,它们分别配置不同的资源块数目,其对应关系如表 3.4.2 所示,可以看出当采用不同系统带宽时,所分配的 RB 数目、用户的数据速率也不相同,从而影响覆盖范围。

表 3.4.2　LTE 系统 RB 分配数目

系统带宽/MHz	RB 数目/个	系统带宽/MHz	RB 数目/个
1.4	6	10.0	50
3.0	15	15.0	75
5.0	25	20.0	100

③ LTE 系统增加了 64QAM 高阶调制、有块编码、结尾卷积及 Turbo 等编码方式,使 LTE 具有更加丰富的编码率,适应多种业务需求。

④ LTE 采用了 MIMO 等天线技术。LTE 物理层使用不同的预编码方案,可实现不同的 MIMO 模式(即单天线发送、空分复用和发送分集),对于 TD-LTE 制式,由于可以采用波束赋形,同样的小区边缘频谱效率,波束赋形天线的覆盖范围大于发送分集覆盖范围。

⑤ 对于 TD-LTE 制式,由于帧结构有 DwPTS、GP 和 UpPTS 3 个特殊时隙,TD-LTE 在常规 CP 下有 9 种配置,在扩展 CP 下有 7 种配置。这种动态的时隙配置使 TD-LTE 有

不同的最大理论覆盖半径,如表 3.4.3 所示。

表 3.4.3　TD-LTE 特殊子帧配置及覆盖半径

特殊子帧配置	正常 CP				扩展 CP			
	DwPTS	GP	UpPTS	最大覆盖半径/km	DwPTS	GP	UpPTS	最大覆盖半径/km
0	3	10	1	104.11	3	8	1	97.00
1	9	4	1	39.81	8	3	1	34.50
2	10	3	1	29.11	9	2	1	22.00
3	11	2	1	18.41	10	1	1	9.50
4	12	1	1	7.70	3	7	2	85.50
5	3	9	2	93.41	8	2	2	22.00
6	9	3	2	29.11	9	1	2	9.50
7	10	2	2	18.41				
8	11	1	2	7.70				

1. 上行链路预算基本公式

$PL\_UL = Pout\_UE + Ga\_BS + Ga\_UE - Lf\_BS - Mf - MI - Lp - Lb - S\_BS$。

- PL_UL:上行链路最大传播损耗,单位为 dB。
- Pout_UE:手机最大发射功率,单位为 dBm。
- Ga_BS:基站天线增益,增益单位为 dBi。
- Ga_UE:移动台天线增益,增益单位为 dBi。
- Lf_BS:馈线损耗,单位为 dB。
- Mf:阴影衰落余量(与传播环境相关),单位为 dB。
- MI:干扰余量(与系统设计容量相关),单位为 dB。
- Lp:建筑物穿透损耗(要求室内覆盖时使用),单位为 dB。
- Lb:人体损耗,单位为 dB。
- S_BS:基站接收机灵敏度(与业务、多径条件等因素相关),单位为 dBm。

2. 下行链路预算基本公式

$PL\_DL = Pout\_BS - Lf\_BS + Ga\_BS + Ga\_UE + Ga\_RE - Mf - MI - Lp - Lb - S\_UE$

- PL_DL:下行链路最大传播损耗。
- Pout_BS:基站业务信道最大发射功率。
- Lf_BS:馈线损耗。
- Ga_BS:基站天线增益。
- Ga_UE:移动台天线增益。
- Ga_RE:接收分集增益,单位为 dBi。
- Mf:阴影衰落余量(与传播环境相关)。
- MI:干扰余量(与系统设计容量相关)。
- Lp:建筑物穿透损耗(要求室内覆盖时使用)。

- Lb：人体损耗。
- S_UE：移动台接收机灵敏度（与业务、多径条件等因素相关），单位为 dBm。

下行的链路元素跟上行基本一致，下行负载因子和下行干扰量（Interference Margin）的取值跟上行不同。

3. 链路预算参数说明

① 人体损耗。目前业界进行链路预算计算时人体损耗一般采用的是 3 dB。

② EIRP（Equivalent Isotropically Radiated Power，等效全向辐射功率）。发射端等效全向辐射功率，主要包括天馈参数、发射功率、增益、损耗，计算公式为：

发射端 EIRP ＝ 发射机最大发射功率＋发射机天线增益－电缆（或人体）损耗

③ 天馈参数。天馈参数主要包括波瓣宽度、增益、挂高等，需要针对特定的频段、覆盖场景和要求选择合适的天线增益和高度。如在密集的城市，定向天线的水平波瓣角一般取 65°，垂直波瓣角为 7°～10°，增益大概在 18 dBi 左右；在一般城区和郊区，定向天线的水平波瓣角为 90°，垂直波瓣角为 7°～10°，天线增益为 16 dBi 左右。若选择不同的天线，就会有不同的天线增益。

④ 穿透损耗。穿透损耗是由于穿透建筑墙体、车身、船身等引起的信号电平衰落。根据经验值，密集城区取 25 dB，一般城区取 20 dB，郊区取 15 dB，农村取 6 dB，乡村和开阔地取 0 dB。实际穿透损耗可根据实际区域的建筑物情况进行调整。

⑤ 天馈损耗。对于基站到天线的馈线分两种情况进行考虑。a. 若基站到天线的馈线小于 15 m，一般认为只用 1/2 英寸（1 英寸＝2.54 cm）跳线，因此在预算表中跳线的损耗取 1 dB，接头等的损耗取 1 dB，总的损耗为 2 dB。b. 基站到天线除了有 1/2 英寸跳线外，还有较长的 7/8 英寸馈线，所以还需考虑 7/8 英寸馈线损耗，计算公式为：

馈线损耗＝7/8 英寸馈线长度×6(dB)/100 m

⑥ MIMO 增益、时隙绑定增益、IRC 增益。它们体现在解调门限中。LTE 只支持硬切换，硬切换可以降低边缘接收信号的强度要求，给系统覆盖带来增益，一般取值为 2～5 dB。

⑦ 阴影衰落。电磁波在传播路径上受到建筑物阻挡产生的阴影效应所带来的损耗。为了对抗这种衰落带来的影响，在链路预算中通常采用预留余量的方法，称为阴影衰落余量。

⑧ 干扰余量。在链路预算中，为克服其他用户对目标用户产生干扰所留的余量值被称为干扰余量。用户越多，干扰就越大，导致覆盖就越小，为了在链路预算中体现这种效应，引入干扰余量的概念。其在数值上等于多用户覆盖与单用户覆盖相比减少的最大路损值（dB）。

⑨ 基站接收机灵敏度。在输入端无外界噪声或干扰条件下，在所分配的资源带宽内，满足业务质量要求的最小接收信号功率。如果接收机信号小于该电平，则不能正常解调。

接收机灵敏度＝每子载波接收灵敏度＋10lg(需要的子载波数)

＝热噪声功率谱密度＋10lg(子载波间隔)＋噪声系数＋解调门限＋

10lg(需要的子载波数)

其中，子载波间隔为 15 kHz，需要的子载波数＝RB 数×12。

4. 链路预算举例

表 3.4.4 为 LTE 链路预算计算示例。

表 3.4.4 LTE 链路预算表

计算范围	计算项目	单 位	上行预算值	下行预算值
发射机	最大发射功率	dBm	23	43
	发射天线增益	dBi	0	18
	EIRP	dBm	23	61
接收机	接收机噪声系数	dB	2.5	7
	热噪声	dBm	−112.39	−108.41
	接收基底噪声	dBm	−109.89	−101.41
	SINR	dB	−3	1.5
	接收机灵敏度	dBm	−112.89	−99.91
增益余量损耗	接收天线增益	dBi	18	0
	干扰余量	dB	2	2
	馈线损耗	dB	2	2
	塔放增益	dB	2	0
	阴影衰落	dB	11.7	11.7
	穿透损耗	dB	20	20
	人体损耗	dB	0	0
	发射分集增益	dB	0	2.5
	分集接收增益	dB	2.5	0
	切换增益	dB	4	4
最大路径损耗	最大路径损耗	dB	126.69	131.71

3.4.3 覆盖规划

覆盖规划的主要目标是基于实际的小区边缘覆盖需求,在一定的系统参数设置下,估算基站能够实现的覆盖距离,从而得到网络规模需求。覆盖规划步骤如图 3.4.2 所示。

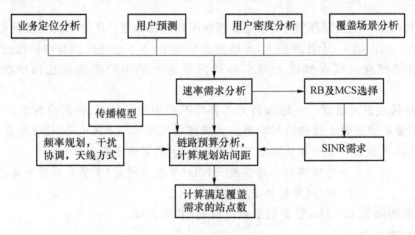

图 3.4.2 LTE 覆盖规划步骤示意图

1. 速率需求分析

根据 3.2 节需求分析的结果,确定速率需求。

2. 链路预算

根据校正后的传播模型进行链路预算分析,提出规划站距 D 和小区半径 R。

考虑现网拓扑对 LTE 站点选择的影响以及同类型区域内地形、地貌的不同,LTE 站间距密集城区一般建议为 $200\sim400\,m$,普通城区一般建议为 $400\sim600\,m$,部分郊区空旷区域宏站能覆盖 $1\sim2\,km$ 以上,站间距可以拉大到几千米。

其中,三扇区站间距 $D=1.5R$;全向站站间距 $D=1.732R$。

3. 计算基站覆盖面积

结合规划站距进行站址规划,计算基站覆盖面积。

其中,三扇区覆盖面积 $S=1.95R^2$;全向站覆盖面积 $S=2.60R^2$。

4. 计算基站数量

根据站址规划进行网络仿真,分析网络覆盖效果,修正调整后最终得到基站数量。

3.5　频率规划

频率规划的核心思想是频率的复用。由于频率资源是有限的,而用户需求又在不断地增长,因此要用有限的频率资源服务更多的用户就必须在满足频率复用距离的条件下,进行频率复用。

LTE 既可以同频组网(即频率复用距离以内的小区使用相同频点),也可以异频组网(即频率复用距离以内的小区使用不同频点)。在具备足够的频率资源的条件下,异频组网具有较大的优势,可以充分避免小区间同频干扰。但是考虑 LTE 需要 20 MHz 的载波带宽,异频组网需要足够的频点来支撑,因此建议在组网初期采用同频组网的方式,通过覆盖控制和 ICIC 等技术来降低小区间的同频干扰。

以中国移动 TD-LTE 网络为例,宏站使用的频段为 1 880~1 900 MHz(F 频段)和 2 575~2 635 MHz(D 频段),室内分布使用 2 330~2 370 MHz(E 频段)。频点资源相对紧张,需要采取合理的频率规划方案。

3.5.1　同频组网

如 LTE 总频带为 20 MHz,每小区共享 20 MHz,频率复用因子为 1。20 MHz 频段同频组网如图 3.5.1 所示。

采用同频组网方式,整个系统覆盖范围内的所有小区可以使用相同的频带为本小区内的用户提供服务,频谱效率高;载波频谱和相位使用的方便性等因素会造成子信道间的干扰,特别是在小区边缘更加严重。对于 TD-LTE 制式,由于上下行采用同一频段,在下行时隙会出现基站对另一个基站边缘的干扰,在上行时隙会出现边缘终端对另一个基站的干扰。

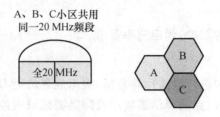

图 3.5.1　20 MHz 频段同频组网

3.5.2　异频组网

相邻小区采用不同频率组网,该方式可以降低干扰,RRM 算法简单,边缘速率相对于同频组网会高一些。但是由于 LTE 系统的频段有限,以中国移动 F 频段为例,仅有 20 MHz(1 880~1 900 MHz)的频率资源,如果要进行异频组网则无法给每个小区完整的 20 MHz 带宽,影响用户体验。同时,如果采用异频组网也需要进行合理的频率规划,确保网络干扰最小。异频组网如图 3.5.2 所示。

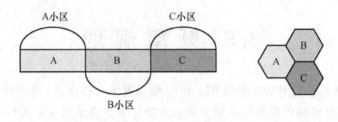

图 3.5.2　异频组网

3.5.3　频率偏移频率复用

为了缓解 LTE 频率资源紧张的局面,同时改善同频组网干扰严重的状况,可以采用频率偏移频率复用(Frequency Shifted Frequency Reuse,FSFR)技术方案,即同一基站的不同小区部分异频、部分同频。FSFR 通过错开小区间的部分频带,能减少小区间 PDCCH 的整体干扰,从而增强 PDCCH 的性能。

FSFR 把 30 MHz 频带划分为 3 组(每组 20 MHz,组与组之间有部分频带重叠),分别分给相邻的 3 个小区作为各自的系统带宽,如图 3.5.3 所示。基站调度资源时,A 小区优先使用整个带宽左边 1/3 的频带(10 MHz);B 小区优先使用右边 1/3 的频带;C 小区优先使用中间 1/3 的频带。当小区负载增加时,每个小区都可以使用各自分得的 20 MHz 带宽。

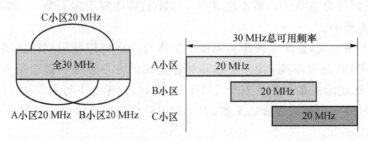

图 3.5.3　FSFR 组网

采用 FSFR 的频率方案,小区间频带错开越大,PDCCH 性能改善越大。可以把 PD-CCH 性能需求作为选择 FSFR 小区间频带错开距离的依据之一。

3.6　子帧规划

子帧转换点可以灵活配置是 TD-LTE 系统的一大特点,非对称子帧配置能够适应不同业务上下行流量的不对称性,提高频谱利用率,但如果基站间采用不同的子帧转换点,会带来交叉时隙的干扰,因此在网络规划时需利用地理环境隔离、异频或关闭中间一层的干扰子帧等方式来避免交叉时隙干扰。

TD-LTE 具有灵活的上下行子帧和特殊子帧配置方式,实际配置需考虑多方面的影响因素。

第一,上下行业务需求。移动宽带业务的上下行流量是不对称的,其上下行业务流量比为 1∶4～1∶6。而 TD-LTE 可提供灵活的上下行配置。在上下行时隙配比为 1∶3 的情况下,TD-LTE 上下行数据速率比约为 1∶5.94,与移动宽带业务的上下行流量之比接近。

第二,与 TD-SCDMA 同频共存或邻频共存。当 TD-LTE 与 TD-SCDMA 同频共存或当 TD-SCDMA 采用 FA 宽频功放,与 TD-SCDMA 在 FA 邻频共存时,两个网络的上下行转换时间一定要对齐,以避免干扰。

TD-LTE 子帧规划要求如下。

- 宏基站:TD-SCDMA 采用 2∶4 时隙配置,为避免交叉干扰,TD-LTE F 频段宏基站业务子帧配置为 1∶3,特殊子帧配置为 3∶9∶2;D 频段宏基站根据上行业务需求情况可全网将业务子帧配置为 2∶2,特殊子帧配置为 10∶2∶2。
- 室内站:原则上业务子帧配置为 1∶3,特殊子帧配置为 10∶2∶2;上行业务需求大的楼宇可将业务子帧配置为 2∶2,特殊子帧配置为 10∶2∶2。

LTE FDD 不存在子帧规划的问题。

3.7　站型配置

根据 3GPP 无线网络基站设备分类标准和科学计数法的命名原则,将 4G 无线网络基站设备分为四大类:宏基站(Macro Site)设备、微基站(Micro Site)设备、皮基站(Pico Site)设备和飞基站(Femto Site)设备。其中业界将后 3 种基站统称为微小基站。

宏基站是 4G 网络的主要建设方式,室外型宏基站设备负责 4G 室外广域覆盖,室内型宏基站设备实现室内 4G 网络有效覆盖。传统的宏基站设备采用分布式架构。微基站设备主要应用于室外补盲补热覆盖,根据设备形态不同,微基站设备可分为分布式微基站和一体化微基站两种类型,均采用双通道配置。皮基站设备主要应用于传统室内分布建设比较困难、目标覆盖面积在几百或者几千平方米以上的大型商场、写字楼等室内场景。飞基站设备适用于传统室内分布建设比较困难且单个隔离空间较小的室内场景,如高档住宅、SOHO(家居办公)等(详见"4.2 节 网络覆盖方式")。

在站点规模上,室外站原则上采用 S111 三小区配置,室内站采用 O1 配置。在 4G 建设初期,LTE 基站均为 1 载波配置,建议载波带宽配置为 20 MHz。随着 4G 网络规模的不断扩大,以及 LTE-A 载波聚合技术的引入,一、二线城市很多区域开始采用 2 载波配置的方式,以应对用户容量增长和峰值速率提高的需求。

3.8 容量配置

3.8.1 LTE 容量特性

移动网络容量是指移动通信网络中各个基站能够提供的配置信道数的总和。在 2G、3G 时代,网络容量包括无线话音信道数与控制信道数。网络容量规划就是以通过各种统计、计算得到的初期及将来的话务需求分布为基础,合理地计算出基站分布及各基站配置。

LTE 在支持大带宽同频组网的基础上,充分地利用小区间干扰协调(ICIC)算法的特性,降低边缘用户的干扰,以提升网络的整体容量。LTE 的自适应调制编码方式,使得网络能够根据信道质量的实时检测反馈,动态地调整用户数据的编码方式以及占用的资源,从系统上做到性能最优。因此,LTE 并不是一个给定信噪比门限就能准确估算整体容量的系统,LTE 的用户吞吐量取决于用户所处环境的无线信道质量,而小区吞吐量取决于小区整体的信道环境。

在运营方面,LTE 的容量规划具备天然的适应性,OFDMA 技术的使用使得 LTE 能够更方便地针对可用频率带宽的不同,支持灵活载波带宽设置。其中,TD-LTE 采取 TDD 的双工方式,可使用非对称的频谱资源,并且可以根据某地区上下行业务的不同比例,灵活配置上下行时隙配比,以提高资源的利用率。TD-LTE 具备的这两项重要特性,使得运营商可以不依赖频率资源的分配,灵活部署 TD-LTE 网络。

作为全 IP 网络,LTE 的容量规划较多地关注业务指标,包括峰值速率、吞吐量、并发用户数、VoIP 容量等关键指标,这些指标受控制信道、业务信道可用的 RB 资源数目的限制。

1. 峰值速率

峰值速率一般意义上指的是移动通信系统根据已有的系统规范,空口最大可发送的速率极限。该速率是指经过物理层的编码和交织处理后,由空口实际承载并传送的数据部分的速率。理论峰值速率体现了 LTE 系统空口承载数据的能力。

在 3GPP 36.213 规范中,定义了不同 MCS、RB 承载下的数据块数量(TBS),即在一个子帧时间/传输时间间隔(TTI)内的最大传输比特数量,TBS 直接限制了 LTE 上下行信道的峰值速率。不同 RB 和 MCS 对应的 LTE 网络上下行峰值速率可通过查询 3GPP 36.213 中表 7.1.7.2.1-1 和表 7.1.7.2.2-1 获得,表 3.8.1 为 3GPP 36.213 中表 7.1.7.2.1-1 的节选。从中可以看出 MCS 越大,LTE 下行峰值速率越大,这是由于 MCS 越大相应的系统开销就越小,但对信道质量的要求也越高。

表 3.8.1　3GPP 36.213 表 7.1.7.2.1-1 节选

承载数据块数量 I_{tbs}	物理资源块数量 N_{PRB}									
	1	2	3	4	5	6	7	8	9	10
0	16	32	56	88	120	152	176	208	224	256
1	24	56	88	144	176	208	224	256	328	344
2	32	72	144	176	208	256	296	328	376	424
3	40	104	176	208	256	328	392	440	504	568
4	56	120	208	256	328	408	488	552	632	696
5	72	144	224	328	424	504	600	680	776	872
6	328	176	256	392	504	600	712	808	936	1 032
7	104	224	328	472	584	712	840	968	1 096	1 224
8	120	256	392	536	680	808	968	1 096	1 256	1 384
9	136	296	456	616	776	936	1 096	1 256	1 416	1 544
10	144	328	504	680	872	1 032	1 224	1 384	1 544	1 736
11	176	376	584	776	1 000	1 192	1 384	1 608	1 800	2 024
12	208	440	680	904	1 128	1 352	1 608	1 800	2 024	2 280
13	224	488	744	1 000	1 256	1 544	1 800	2 024	2 280	2 536
14	256	552	840	1 128	1 416	1 736	1 992	2 280	2 600	2 856
15	280	600	904	1 224	1 544	1 800	2 152	2 472	2 728	3 112
16	328	632	968	1 288	1 608	1 928	2 280	2 600	2 984	3 240
17	336	696	1 064	1 416	1 800	2 152	2 536	2 856	3 240	3 624
18	376	776	1 160	1 544	1 992	2 344	2 792	3 112	3 624	4 008
19	408	840	1 288	1 736	2 152	2 600	2 984	3 496	3 880	4 264
20	440	904	1 384	1 864	2 344	2 792	3 240	3 752	4 136	4 584
21	488	1 000	1 480	1 992	2 472	2 984	3 496	4 008	4 584	4 968
22	520	1 064	1 608	2 152	2 664	3 240	3 752	4 264	4 776	5 352
23	552	1 128	1 736	2 280	2 856	3 496	4 008	4 584	5 160	5 736
24	584	1 192	1 800	2 408	2 984	3 624	4 264	4 968	5 544	5 992
25	616	1 256	1 864	2 536	3 112	3 752	4 392	5 160	5 736	6 200
26	712	1 480	2 216	2 984	3 752	4 392	5 160	5 992	6 712	7 480

　　以 LTE FDD 为例,根据规范,1 个无线帧包含 10 个无线子帧,1 个无线子帧包含 2 个时隙,每个时隙包含 7 个 OFDM 符号(使用常规 CP),1 个 OFDM 符号包含 n bit 信息(使用 64QAM,$n=6$;使用 16QAM,$n=4$;使用 QPSK,$n=2$)。1 个无线子帧的时间为 1 ms。在使用常规 CP、64QAM 调制方式且不考虑开销的情况下,下行峰值速率为:

$$峰值速率_{理想}=(N_{RB}×12×7×2×n)bit/ms$$

假设 PDCCH、参考信号、同步信号、信道编码等的开销为 η,则理论下行峰值速率为:

$$峰值速率_{理论}=C×(1-\eta)×编码效率×峰值速率_{理想}$$

其中,当天线模式为双流传输时,$C=2$;当天线为其他模式时,$C=1$。当采用 20 MHz 带宽,双流传输，编码效率为 0.9，PDCCH 占用 1 个 OFDM 符号时，LTE FDD 下行理论峰值速率为：

$$2×(1-14.63\%)×0.9×(100×12×7×2×6)\text{bit/ms}=155\ \text{Mbit/s}$$

上行峰值速率为：

$$(1-14.3\%)×0.9×(100×12×7×2×6)\text{bit/ms}=77.75\ \text{Mbit/s}$$

LTE 单用户的上行和下行峰值速率不但与分配的 RB 数量以及 MCS 方式有关，还与 LTE 终端类型有关。单用户的峰值速率为：

$$单用户峰值速率=\min(终端能力，网络能力)$$

在单用户测试条件下（即小区所有资源分配给一个用户），小区的峰值速率与 UE 的能力有关，在 20 MHz 带宽、PDCCH 占用 3 个 OFDM 符号的情况下，使用 CAT3 UE 实际下行峰值速率只能达到 100 Mbit/s，实际上行峰值速率为 40～50 Mbit/s；使用 CAT5 UE 实际下行峰值速率可达到 127 Mbit/s，实际上行峰值速率可达到 60 Mbit/s。

需要注意的是，峰值速率只是系统的理论能力。在实际网络中，这样的速率只会在仅有一个信道质量足够优质的用户在线时数据传输瞬间才能达到。我们对峰值的分析，更多的是从系统能力的角度出发的。对于涉及网络规划优化方面的容量规划，必须以峰值速率为参照，更多地分析系统实际能达到的平均吞吐量性能。由于 LTE 为所有连接用户提供自适应调制编码（AMC）方式的数据传输，因此小区整体吞吐量受整体无线环境的影响较大。在实际的测试中，小区平均吞吐量的计算是在小区覆盖范围内，根据 SINR 的优劣按照一定比例分配用户，以好、中、差用户的加权平均吞吐量来衡量小区的平均吞吐能力的。

在不具备大规模测试能力的阶段，可以从仿真结果来预估 LTE 在各类环境下的吞吐量性能，这确实会给系统容量规划带来一定的难度。而从另一个角度来看，LTE 的这个特性恰恰是为网络提供了更多的优化空间，因为仅对目标信噪比有要求的系统，即便系统环境再好，也只能达到设计的容量，在网络整体达到规划要求的质量后，小区或用户吞吐量不会因为网络环境的进一步提升而有任何改善。

2. 最大同时在线并发用户数

由于数据业务对时延相对不敏感，并且基于 IP 的数据业务在突发特性上并不是持续性地分布，只要 eNodeB 在程序上保持用户状态，不需要每帧调度用户就可以保证用户的"永远在线"，动态调度算法会保证用户需要数据传输时及时地为用户分配实际的空口资源。因此，最大同时在线并发用户数与系统每 TTI 可调度的用户数没有直接联系，而是与 LTE 系统协议字段的设计以及设备能力相关，只要协议设计支持，并且达到了系统设备的能力，就可以保证尽可能多的用户同时在线。

LTE 同时能够得到调度的用户数目定义为：系统在每个调度周期（1 ms）同时调度的用户数，进一步可计算一个无线帧时间（10 ms）内可调度的用户数。它受限于控制信道的可用资源数目，也就是在一个 TTI 中能调度的最大用户数。这主要与 3 个因素相关，分别是系统带宽、可用 CCE 数量、PHICH 组数。一般情况下，一个对称业务的用户需要配置 2 条 PDCCH，其中 PHICH 占用 1 个 CCE，最多可复用 8 个用户。

LTE 中 PDCCH 支持的 4 种格式如表 3.8.2 所示。

表 3.8.2　PDCCH 格式

PDCCH 格式	CCE 数量/个	REG 数量/个	PDCCH 数量/bit
0	1	9	72
1	2	18	144
2	4	36	288
3	8	72	576

用于特定 PDCCH 传输的 CCE 数量是由 eNodeB 根据信道条件决定的。例如,如果 PDCCH 是针对一个良好下行链路信道的 UE(如接近 eNodeB)的,那么一个 CCE 可能就够了。然而,对于信道条件不好的 UE,为了充分实现其健壮性,可能需要 8 个 CCE。另外,可调整 PDCCH 的功率水平,以适配信道条件。

PHICH 组数有 4 种可能性:

$$N_{PHICH}^{group} = \begin{cases} \left[N_g \left(\dfrac{N_{RB}^{DL}}{8} \right) \right], & \text{常规 CP} \\ 2 \times \left[N_g \left(\dfrac{N_{RB}^{DL}}{8} \right) \right], & \text{扩展 CP} \end{cases}$$

MIB 中相应的指示信息分别对应于 $N_g = 1/6$、$1/2$、1 或 2。其中,$N_g = 1$ 是上行每一个 PRB 对应 1 个 HARQ 进程的时候所需要的 PHICH 组数;$N_g = 2$ 是 MU-MIMO 情况下上行每一个 PRB 对应 2 个 HARQ 进程的时候所需要的 PHICH 组数;$N_g = 1/6$、$1/2$ 分别对应 1 个 HARQ 进程占用 6 个和 2 个 PRB 的情况。

在一个子帧时间(1 ms)内,最大可支持用户数的计算如下:

$$N_{PHICH}^{group} \times 12 + N_{PHICH} + N_{RS} + N \times \overline{n} \times 36 \times N_{PDCCH} = N_{RE}$$

$$N = \frac{N_{RE} - (N_{PHICH}^{group} \times 12 + N_{PCFICH} + N_{RS})}{\overline{n} \times 36 \times N_{PDCCH}}$$

式中:

N,最大可同时调度用户数;

$\overline{n}$,平均一个 PDCCH 所需的 CCE 个数;

N_{PDCCH},调度 1 个用户所需的 PDCCH 数目,在对称业务下通常 $N_{PDCCH} = 2$;

N_{PHICH}^{group},使用的 PHICH 组数;

N_{PCFICH},PCFICH 所占用的 RE 数,$N_{PCFICH} = 16$;

N_{RS},下行参考信号所占用的 PDCCH 所在 OFDM 符号的 RE 数,由信道带宽决定,在 10 MHz 和 20 MHz 带宽下使用 2 副下行天线时,N_{RS} 分别为 200 和 400;

N_{RE},PDCCH 所在 OFDM 符号的 RE 总数,表 3.8.3 给出了在 10 MHz 和 20 MHz 带宽下的 N_{RE} 值。

表 3.8.3　不同带宽下的 N_{RE} 值

带宽/MHz	PDCCH 占用 1 个 OFDM 符号的 N_{RE}/个	PDCCH 占用 2 个 OFDM 符号的 N_{RE}/个	PDCCH 占用 3 个 OFDM 符号的 N_{RE}/个
10	600	1 200	1 800
20	1 200	2 400	3 600

假设调度一个用户需要 2 个 PDCCH 并且 LTE 系统使用正常 CP，表 3.8.4 给出了在 10 MHz 和 20 MHz 带宽下 PDCCH 分别占用 1 个、2 个、3 个 OFDM 符号且 $N_g=1$ 时，LTE 系统在一帧时间(10 ms)内可同时调度的最大用户数。在其他条件固定的情况下，PDCCH 占用的 OFDM 符号数越多，同时可调度的用户数越多；PDCCH 所使用的格式占用的 CCE 个数越多，可同时调度的用户数也就越少。

表 3.8.4 LTE 可调度用户数

带宽/MHz	PDCCH 占用 OFDM 符号数/个	不同 PDCCH 格式下可调度用户数/人			
		格式 0	格式 1	格式 2	格式 3
10	1	41	20	10	5
	2	125	62	31	15
	3	208	104	52	26
20	1	87	43	21	10
	2	253	126	63	31
	3	420	210	105	52

3. VoIP 容量

VoIP 的系统性能主要由 VoIP 的容量来衡量。VoIP 的容量即指定 VoIP 方式的业务，网络内满足其特定 FER(Frame Error Rate，误帧率)要求的用户的数目。因此 VoIP 容量既包含了对 QoS 的要求，也包含了网络的能力。

影响 VoIP 容量的因素包括频点带宽、天线配置、发射功率、VoIP 资源分配方法、控制信道资源、HARQ 方式和最大传输次数等。由于 VoIP 对实时性的要求很高，在动态调度的机制下，需要网络每 TTI 调度用户，而调度信息在 PDCCH 上传输，每个 TTI 能够调度的用户数受限于 PDCCH 的资源。根据初步估计可知，PDCCH 占满 3 个 OFDM 符号的时候，一个 TTI 能够调度的用户数大概在 70 个左右，如果想达到更高的调度用户数，就必须考虑采用半持续调度，使得控制信道不受限，才能使网络承载更多的同时在线的 VoIP 用户。

以 TD-LTE 为例，在上下行时隙比为 2：2 的情况下，一个 20 MHz 带宽扇区的峰值容量可以支持 900 个 VoIP 用户同时通话，但是峰值只是系统瞬时的最大能力，不可能假定每个用户都有足够好的网络质量，从平均容量的角度分析，比较实际的能力是可以同时支持 400 个 VoIP 用户同时通话。

3.8.2 LTE 容量影响因素

LTE 系统的容量由各个方面的因素决定。首先是固定的配置和算法的性能，包括单扇区频点的带宽、发射机功率、网络结构、天线技术、小区覆盖半径、频率资源调度方案、小区间干扰协调算法等；其次由于在资源的分配和调制编码方式的选择上，LTE 是完全动态的系统，实际网络整体的信道环境和链路质量对 LTE 的容量也有着至关重要的影响。

LTE 通过设置过渡保护带来消除时域波形的"展宽"和"振荡"现象，降低了实现的复杂性。保护带宽较大，泄露到系统带宽之外的能量越小，但是过大的保护带宽带来的频谱效率损失也较大。LTE 系统中的传输带宽和保护带宽关系如表 3.8.5 所示。

表 3.8.5　LTE 系统中的传输带宽和保护带宽

系统带宽/MHz	1.4	3	5	10	15	20
RB 数量/个	6	15	25	50	75	100
传输带宽/MHz	1.08	2.7	4.5	9	13.5	18
保护带宽所占比重/(%)	23	10	10	10	10	10

1. CP 长度

CP 长度需要远远大于无线信道的最大时延扩展,以避免严重的符号间干扰(ISI)和子载波间干扰(ICI)。CP 又不能过长,过大的 CP 开销会带来额外的频谱效率损失。

$$正常 CP 的 CP 开销 = (5.21 + 6 \times 4.67)/500 = 6.64\%$$
$$扩展 CP 的 CP 开销 = 16.67 \times 6/500 = 20\%$$

2. 上下行时隙及特殊子帧配置

这是 TD-LTE 系统特有的属性。TD-LTE 系统支持 5 ms 和 10 ms 的切换点周期,共支持 7 种上下行时隙配置。在网络部署时,可以根据业务量的特性灵活地选择上下行时隙配置。但对于 TD-LTE 的特殊子帧而言,DwPTS 和 UpPTS 的长度是可配置的。为了节约网络开销,TD-LTE 允许利用特殊时隙 DwPTS 和 UpPTS 传输数据和系统控制信息。

TD-LTE 特殊子帧开销如表 3.8.6 所示。

表 3.8.6　TD-LTE 特殊子帧开销

特殊子帧配置	正常 CP 下的开销			开销比例 1/(%)	开销比例 2/(%)	扩展 CP 下的开销			开销比例 1/(%)	开销比例 2/(%)
	DwPTS	GP	UpPTS			DwPTS	GP	UpPTS		
0	3	10	1	86	93	3	8	1	83	92
1	9	4	1	43	50	8	3	1	42	50
2	10	3	1	36	43	9	2	1	33	42
3	11	2	1	29	36	10	1	1	25	33
4	12	1	1	21	29	3	7	2	83	92
5	3	9	2	86	93	8	2	2	42	50
6	9	3	2	43	50	9	1	2	33	42
7	10	2	2	36	43					
8	11	1	2	29	36					

注:数据的单位为 OFDM 符号。

3. 上下行链路开销

在为控制信令分配资源后,数据传输可以利用任何剩下的传输资源。因此最小化控制信令资源是最大化数据频谱效率的关键。LTE FDD 系统中,除 PDCCH 和 RS 外,其余下行控制信道和信号的开销都与 LTE 系统使用的带宽有关。各个控制信道和信号的开销如下(NRB 为 LTE 系统分配的 RB 数量)。

a. 系统带宽较宽情况下 PDCCH 所占系统开销可以忽略。

b. 上行参考信号每个时隙占用 1 个 OFDM 符号,开销比例为 $1/7 \approx 14.3\%$。

c. 当使用一个子帧中一个 OFDM 符号时（最小 PDCCH 分配），PDCCH 控制开销为 $1/14≈7.1\%$。

d. 下行 RS：每 3 个子载波间有一个参考符号，单天线传输每个时隙需要 2 个 OFDM 符号，下行 2 天线传输需要 4 个 OFDM 符号，下行 4 天线传输需要 6 个 OFDM 符号。开销比例为 $4.8\%～14.3\%$，需考虑与 PDCCH 重叠的情况。

e. 其他开销，如 PSS 和 SSS 开销、PCFICH 开销、PHICH 组开销等，均需考虑与 PDCCH 重叠的情况。

表 3.8.7 给出了在不同天线配置和系统带宽下下行控制信道和信号的开销占用度。

表 3.8.7 LTE FDD 下行控制信道和信号的开销占用度

系统带宽/MHz	PDCCH 占用 1 个 OFDM 符号时下行控制信道和信号的开销占用度/(%)		PDCCH 占用 2 个 OFDM 符号时下行控制信道和信号的开销占用度/(%)		PDCCH 占用 3 个 OFDM 符号时下行控制信道和信号的开销占用度/(%)	
	下行 2 天线	下行 4 天线	下行 2 天线	下行 4 天线	下行 2 天线	下行 4 天线
1.4	20	24.76	27.14	29.52	34.29	36.67
3	16.57	21.33	23.71	26.10	30.86	33.24
5	15.66	20.42	22.80	25.18	29.94	32.32
10	14.97	19.73	22.11	24.50	29.26	31.64
15	14.74	19.50	21.89	24.27	29.03	31.41
20	14.63	19.39	21.77	24.15	28.91	31.30

虽然下行 4 天线相比下行 2 天线系统开销要高一些，但 $4×4$ MIMO 相比 $2×2$ MIMO 的系统容量要增加一倍，增加相应的参考信号开销是值得的。带宽越高，系统开销比重越小，因此建议 LTE FDD 采用 $2×20$ MHz 同频组网。

TD-LTE 系统中，普通子帧下行链路开销是由下行同步信号、下行参考信号、PBCH（物理广播信道）、PCFICH（物理控制格式指示信道）、PHICH（物理 HARQ 指示信道）、PDCCH（物理下行控制信道）、PDSCH 用于承载非业务数据的资源在普通子帧上占用的 RE 构成的。

（1）下行同步信号（PSS/SSS）

在 TDD 帧中，PSS 位于第 1 子帧和第 6 子帧（特殊子帧）的第 3 个 OFDM 符号处，SSS 位于第 0 子帧和第 5 子帧的第 7 个 OFDM 符号处。PSS/SSS 在频域上占用下行频带中心 62 个子载波，两边各预留 5 个子载波作为保护带。因此，在每个 5 ms 半帧的普通子帧上，PSS/SSS 共占用了 72 个 RE。

（2）下行参考信号

LTE 物理层定义了 3 种下行参考信号：CRS、MBSFN、DRS。本书讨论的峰值速率只涉及 CRS。两天线端口发送的情况下，R0（天线端口 0 的参考信号）、R1（天线端口 1 的参考信号）在普通子帧的每个 PRB 上占用 8 个 RE。因此，在每个 5 ms 半帧的普通子帧上，如果时隙配置为 DSUUD，则下行共有 400 个 PRB，其中 CRS 占用了 3 200 个 RE，如果时隙配置为 DSUDD，则下行共有 600 个 PRB，其中 CRS 占用了 4 800 个 RE。

（3）PBCH

LTE 系统广播分为 MIB 和 SIB,MIB 在 PBCH 上传输,SIB 在 DL-SCH 上调度传输。PBCH 的传输周期为 40 ms,在一个 40 ms 周期内,每 10 ms 重复传输。在每个 10 ms 的无线帧上,PBCH 占用第 0 子帧第 2 个时隙的前面 4 个连续的 OFDM 符号,在频域上占用下行频带中心 72 个子载波。在物理资源映射时,对于 1、2 或者 4 的发射天线数目,都总是空出 4 天线的 CRS。可计算出在 PBCH 占用的时频资源上共空出 48 个 RE 做用 CRS。因此,在每个 10 ms 的无线帧上,PBCH 共占用了 240(4×72−48＝240)个 RE。

（4）PCFICH、PHICH、PDCCH

以下以 CFI＝3 为例计算 PCFICH、PHICH、PDCCH 占用的开销资源。

在一个 1 ms 的普通子帧中,PDCCH 与 PCFICH、PHICH 一起占用前面 3 个 OFDM 符号(但要除去 CRS 占用的 RE)。在 1 ms 普通子帧中的前面 3 个 OFDM 符号上,用于 R0 和 R1 的共有 400 个 RE,而用于 PDCCH、PCFICH、PHICH 的共有 3 200 个 RE。因此,在每个 5 ms 半帧的普通子帧上,如果时隙配置为 DSUUD,则 PDCCH、PCFICH、PHICH 3 个物理信道共占用 6 400 个 RE,如果时隙配置为 DSUDD,则共占用 9 600 个 RE。在测试峰值的环境下,除业务数据信息外,映射到 PDSCH 上的只有承载 SIB1(小区接入有关的参数、调度信息)和 SIB2(公共和共享信道配置)的广播信息。SIB1 的时域调度是固定的,周期为 80 ms,在 80 ms 内每 20 ms 重复一次,占用了 8 个 PRB。SIB2 的周期为动态配置,一般是 160 ms 重复一次,相对于 5 ms 的半帧周期,占用的 RE 很少,在峰值计算中可以忽略。因此,在 20 ms 的周期中,开销在 PDSCH 中占用了 672 个 RE。

通过以上的分析,普通子帧下行链路的开销可以总结为表 3.8.8。

表 3.8.8　TD-LTE 普通子帧下行链路

信道占用的 RE	平均 5 ms 周期普通子帧上			
	DSUDD,CFI＝3	DSUDD,CFI＝2	DSUUD,CFI＝3	DSUUD,CFI＝2
PSS/SSS 占用的 RE 数/个	72	72	72	72
CRS 占用的 RE 数/个	4 800	4 800	3 200	3 200
PBCH 占用的 RE 数/个	120	120	120	120
PDCCH,PCFICH,PHICH 占用的 RE 数/个	9 600	6 000	6 400	4 000
PDSCH 上 SIB1 占用的 RE 数/个	168	168	168	168
下行开销占用的 RE 总数/个	14 760	11 160	9 960	7 560
开销占比	29.30%	22.10%	29.60%	22.50%

4. 天线技术

天线技术对系统容量有直接影响,LTE 在天线技术上有了较多的选择。多天线的设计使得网络可以根据实际网络需要以及天线资源,实现单流分集、多流复用、复用与分集自适应、波束赋形等,这些技术的使用场景不同,但是都能在一定程度上实现用户容量的提升。对于使用 MIMO 的多流传输,其适用于小区中信道质量优良的用户,能够明显地提高其容量;信道质量不够理想的用户,可以自适应地使用单流多天线分集或波束赋形技术,给用户的信噪比带来增益,通过信道质量的提升,选择更高阶的调制编码方式,实现容量的提升。

MIMO 系统在发射端和接收端均采用多天线(或阵列天线)和多通道,传输信息流经空时编码形成 N 个信息子流,这 N 个信息子流由 N 个天线发射出去,经空间信道后由 M 个天线接收。多天线接收机利用先进的空时编码处理能够分开并解码这些数据子流,从而实现最佳的处理。这 N 个子流同时发送到信道,各发射信号占用同一频带,因而未增加带宽。若各发射、接收天线间的信道响应独立,则 MIMO 系统可以创造多个并行空间信道。通过这些并行空间信道独立地传输信息,数据传输速率必然可以得到提高。MIMO 将多径无线信道的发射、接收视为一个整体进行优化,从而可实现很高的通信容量和频谱利用率。

Beamforming 技术就是波束赋形技术。TD-LTE 的波束赋形基于 EBB 算法实现,EBB 算法是一种自适应的波束赋形算法,运用 SVD(奇异值分解)对信道进行估计,不仅有 DoA(到达时间)的赋形,还能匹配信道,减小衰落。其方向图随着信号及干扰的变化而变化,没有固定的形状,原则是使期望用户接收功率最大的同时,还要满足对其他用户干扰最小。波束赋形利用的是小间距天线间的相关性,因此为了有效地工作,同时考虑复杂性,MIMO 通常为 8 天线配置,也可以为 4 天线配置,天线间距约为半波长。天线的 Beamforming 技术能够有效地降低小区间的干扰,同时提高用户的接收信号功率,给用户的信噪比带来附加增益,从而为系统容量的提升带来好处。由于存在赋形增益,Beamforming 技术同时还能够改善边缘用户的容量,提高系统的覆盖能力。

5. 干扰消除技术

LTE 系统由于 OFDMA 的特性,本小区内的用户信息承载在相互正交的不同子载波和时域符号资源上,因此可以认为小区内不同用户间的干扰很小,系统内的干扰主要来自同频的其他小区。对于小区中心用户,其离基站的距离较近,而距离同频其他小区的干扰信号又较远,则小区中心用户的信噪比相对较大;对于小区边缘用户,由于相邻小区占用同样载波资源的用户对其干扰较大,加之本身距基站较远,其信噪比相对就较小,导致小区边缘的用户吞吐量较低。因此需要采用可靠的干扰抑制技术,这样才能有效地保证系统整体,尤其是边缘用户的吞吐量性能。

LTE 系统干扰消除或避免技术有如下几种(详见 1.2.5 节)。

(1) 干扰随机化

跳频:上行采用跳频,下行采用集中式和分布式子载波分配方式,避免频率选择性衰落,使得干扰随机化。

除了跳频,还有加扰、HARQ 等技术。

(2) 干扰避免

ICIC:小区间干扰协调技术分为静态 ICIC、准静态 ICIC 和动态 ICIC 3 类。ICIC 在一定程度上会使得系统的频率复用因子大于 1,系统在任何一个瞬时都并非完全的同频复用。

波束赋形:提高期望用户的信号强度,同时降低信号对其他用户的干扰。

动态调度算法:根据用户信道条件,动态调度其使用信道质量较好的系统资源,采用合理的调制编码方式,达到性能的最优,动态调度算法从实质上看,同样可以避免一定的网络干扰。

6. 干扰抑制

上行功控:上行功控分为小区间功控和小区内功控两类,小区间功控是指通过告知其他小区本小区 IoT 信息,控制本小区 IoT 的方法,但是目前对于小区间功控未做设备要求;小区内功控的作用是补偿本小区上行路径损失和阴影衰落,节省终端的发射功率,尽量降低对其他小区的干扰,使得 IoT 保持在一定的水平之下。

多天线分集接收算法:最大比合并(MRC)、干扰抵消合并(IRC)。

7. 其他方法

除了上述方法以外,调度算法、控制发射机的功率、优化扇区结构等手段,均能在一定程度上提升网络容量。使用较好的频域资源调度算法,根据用户的信道质量调整资源的分配,可以改善系统用户的 SINR,从而提升系统容量。在不同的组网场景中,发射机功率对系统容量影响的效果并不相同。在数据用户密集使用的热点覆盖、市区等场景,小区覆盖面积不大,小区之间存在较大的同频干扰。相对而言,接收机噪声非常小,此时发射功率提升,会带来用户有效信号电平和干扰电平同等提升的作用,以致互相抵消,用户的 SINR 不会有很好的改善,因此不会对系统容量带来较大的好处。然而对于郊区、乡村的覆盖场景,数据用户密度小,较低的系统负荷使得接收机低噪电平大于邻区用户的干扰电平,此时提高发射机功率对系统容量会带来有效的改善。采用扇区化的网络结构与缩小小区覆盖半径一样,都是在同样的区域内增加逻辑基站的密度,使该区域的系统总容量有所提升。

3.8.3　LTE 容量规划

由于 LTE 系统在 20 MHz 载波的配置下,可用带宽远高于 3G,所以 LTE 系统的吞吐量、用户链路平均速率相对于 3G 来说会有明显的提升,进而带动用户使用的次数和频次。

无线网侧的话务分析以码资源占用率、空口连接次数、数据突发时长、数据链路占用时长等指标为主。

核心网侧采用业务类型统计,对用户的互联网业务进行归类,如分为网页浏览、流媒体、高清视频通话、VoIP、FTP 等业务,统计每种业务的上下行链路占用时间、上下行的流量等,归纳单用户的业务需求;并结合保障感知的情况下每种业务需要的理论带宽,去计算用户所需要的综合带宽需求。根据用户的综合带宽需求,结合单基站能提供的承载能力,即可得出区域所需要的容量需求。

1. 容量规划步骤

① 给定无线场景、网络配置、UE 的能力配置,仿真小区吞吐量和边缘吞吐量,得到该场景下单站的承载能力。

- 无线场景:密集城区、一般城区、郊区、农村等典型环境以及基本的环境参数。
- 网络配置:包括带宽、站型、天线以及一些基本算法与参数的配置。
- UE 能力:包括 UE 的 CAT 等级。

② 根据业务模型(如表 3.8.9 所示)计算用户业务的吞吐量需求,其中影响因素包括地理分区、用户数量、用户增长预测、保证速率等,计算结果为总的等效吞吐量。应当注意的是,各个运营商的业务模型差别很大,应该根据实际的模型来进行容量规划。

③ 结合①和②计算基站数量。

④ 结合基站负荷控制门限调整基站数目。

⑤ 按照基站数量与给定负荷门限,再次进行容量仿真,考察仿真结果是否满足需求,如

果不满足,则调整基站数量,直至满足规划需求。

表 3.8.9 LTE 网络业务模型(举例)

业务类型	忙时会话次数/次	UL					DL				
		承载速率/(kbit·s⁻¹)	PPP会话时间/s	PPP会话占空比	BLER	每用户吞吐率/(kbit·s⁻¹)	承载速率/(kbit·s⁻¹)	PPP会话时间/s	PPP会话占空比	BLER	每用户吞吐率/(kbit·s⁻¹)
VoIP	1.4	26.90	80	0.40	1%	0.34	26.9	80	0.40	1%	0.34
视频通话	0.2	62.52	70	1.00	1%	0.25	62.52	70	1.00	1%	0.25
视频会议	0.2	62.52	1 800	1.00	1%	6.32	62.52	1 800	1.00	1%	6.32
实时游戏	0.2	31.26	1 800	0.20	1%	0.63	125.05	1 800	0.40	1%	5.05
流媒体	0.2	31.26	1 200	0.05	1%	0.11	250.11	1 200	0.95	1%	16.00
IMS 信令	5.0	15.63	7	0.20	1%	0.03	15.63	7	0.20	1%	0.03
网页浏览	0.6	62.52	1 800	0.15	1%	0.95	250.11	1 800	0.05	1%	3.79
文件传送	0.3	140.68	600	1.00	1%	7.11	750.33	600	1.00	1%	37.90
电子邮件	0.4	140.68	50	0.15	1%	0.39	750.33	15	0.30	1%	0.38
P2P 文件共享	0.2	100.00	1 200	1.00	1%	6.73	100	1 200	1.00	1%	6.73

2. 估算容量的简单用户模型

在网络建设初期,可以采用一种简单的用户模型来进行容量估算:某地级市预测未来 LTE 用户数为 A,月均流量为 B,忙时集中度为 C(忙时流量与全天总流量的比值),忙时峰值吞吐量为忙时平均吞吐量的 D 倍,基站类型为 S111,小区平均吞吐率指标为 E,则每站点可以承载的用户数 $F=3×E/[B/30(天)×8(bit)×C/3\,600×D]$,需要的基站数 $G=A/F$。

3.9 站 址 规 划

3.9.1 总体建设原则

在选择合适的基站位置时,需要结合当前覆盖状况以及基站建设所能带来的经济效应和社会效应来考虑。经济效应主要是指该基站所能给运营商带来的收入情况,针对这方面需要掌握基站周围住户的收入情况、用户的数量以及文化层次。

社会效应可以扩大运营商的社会影响力。例如,高速公路沿线等区域话务量不高,但是建设的基站给用户带来良好的通话效果,给用户留下良好的印象,为运营商带来潜在的客户。大部分基站能够带来社会效应和经济效应的双丰收,但某些仅仅是为了获得社会效应,如对于珠穆朗玛峰的网络覆盖。如果一个基站上述两个目的都没有达到,就完全没有必要建设。

3.9.2　选址要点

根据上述的建设原则确定在某一区域内建设基站后,就要进行基站的实地选址工作。在确定基站位置时,要综合考虑以下几个方面的因素。

1. 市电引入距离和方式

由于基站需要 380 V 三相电作为供电电源,所以在选择合适的基站位置时要考虑市电引入。如果周围有合适的三相电,就直接从现有的三相电源处引接,三相电引接距离最好小于 1 km;如果当地没有合适的三相电可供引接,可以通过从附近高压线加装变压器来解决。

2. 设备运输和后期维护

要选择交通较方便的区域建设基站,以便后期运送设备和维护基站。

对于后期的维护工作,要考虑基站周围交通是否便利,另外要与当地群众建立良好和稳固的关系。

3. 传输路由

在选择基站位置时,要同时考虑传输线路的走线情况,避免传输线路过长和路由情况复杂。

4. 覆盖效果

基站一般选择建设在所需覆盖区域的中心地带,使得各个扇区的话务量比较均匀。基站最好选择建设在村镇的中心地区,另外农村基站间距至少保持在 1 km 以上,城区在 500 m 以上。

5. 外在因素

针对当地的地质条件,要充分考虑基站所处位置的土质情况,避免由于土质疏松和结构不稳定引起基站的安全问题。基站周围要空间开阔,避免基站信号被阻挡。一般要求天线主瓣方向 100 m 范围内无明显阻挡。所选位置有适合基站建设的区域,基站所占区域面积为 20~100 m²。

另外基站应避免选在易燃、易爆的仓库,以及生产过程中容易发生火灾和爆炸的工业、企业附近。郊区基站应避免选择在雷击区和地势低洼处。基站应避免设在雷击区以及大功率无线电发射台、雷达站、电视塔和高压线等强干扰源附近或加油站、医院等附近,电磁辐射会对仪器仪表产生干扰;不宜选址在易燃、易爆建筑物场所以及生产过程中散发有毒气体、多烟雾、多粉尘、产生有害物质的工业、企业附近。

6. 其他因素

此外,还要了解基站站址所在地的规划发展,避免被规划拆迁。与市政规划相结合:选站过程中,要争取政府部门的支持,如和环保、市政规划等相关部门做好协调,避免由于对市政规划不了解而造成的不必要的工程调整。

在选择基站位置时要考虑以后在该区域建设基站的可能性,避免当前基站对后期建设带来不便。

3.10 LTE 系统仿真

3.10.1 移动通信信号传播

1. 信号强度的度量

为了方便起见,工程上一般用与分贝(dB)有关的计量单位来表示发射功率(或接收电平)。其中分贝为一个比值,只是一个纯计数方法,没有任何单位标注。分贝可以衡量放大倍数(即增益),输出与输入的比值为放大倍数,其中功率增益定义如式(1):

$$A_P = 10\lg\frac{P_o}{P_i} \tag{1}$$

在天线技术方面,分贝指在输入功率相等的条件下,实际天线与理想天线在空间同一点处所产生的信号的功率密度之比。其常见表示形式:dBi、dBd。它是指在输入功率相等的条件下,实际天线与理想天线在空间同一点处所产生的信号的功率密度之比。其中,dBi 的参考基准为全方向性天线;dBd 的参考基准为偶极子。用 dBi 表示的值比用 dBd 表示的值要大 2.15 dB。

$$dBi = dBd + 2.15 \tag{2}$$

与 dB 不同,dBm 是一个体现功率绝对值的量,其定义如式(3),0 dBm 即为 1 mW 所转换的能量。

$$dBm = 10\lg[功率(mW)/1\ mw] \tag{3}$$

则根据该定义对于发射功率为 20 W 的基站,其发射功率相当于 43 dBm。

根据前面的定义式,功率每增加一倍,其分贝值(dBm)增大 3 dB;反之,功率每减小一半,其分贝值减少 3 dB。功率每增加 25%,其分贝值增加大约 1 dB;反之,功率每减少 20%,其分贝值减少约 1 dB。

2. 无线信号传播特性

在移动通信系统中,传播信道由无线电波承载,无线电波以 300 000 km/s 的速度离开发射天线后,在空间或介质中经过不同的传播路径到达接收点。在实际的电波传播空间往往存在各种各样的反射面、阻挡物等,不一定存在直射波〔或视距(LOS)传播〕,对非视距(NLOS)传播而言,主要有反射、绕射和散射 3 种基本的传播机制。

反射:当电波所投射到的表面尺寸远大于电波波长,并且该表面比较光滑时,将发生电波的反射。

绕射:当电波传播过程中遇到与电波波长具有可比性的阻挡物时,电波会绕过阻挡物而传播到它的背面去。

散射:当电波穿行的介质中存在小于波长的物体并且单位体积内阻挡物体的个数非常巨大时,将发生散射。

无线信道具有极大的随机性,研究无线信道的传播特性分为两种情况:大尺度衰落和小尺度衰落。大尺度衰落的传播模型用于预测无线覆盖区域内接收信号的平均电平,描述的是发射机与接收机之间远距离(几百米或几千米)的场强变化。大尺度衰落的传播模型包括对具体的现场环境直接应用电磁理论计算的方法,如自由空间损耗模型。

自由空间损耗模型即指当接收机和发射机之间没有阻挡的视距路径时,可以用自由空间传播模型来预测接收信号电平。卫星通信和微波中继通信是典型的自由空间传播,移动通信在室外开阔环境可能存在视距路径。自由空间传播模型预测接收功率电平的衰减是波长(或频率)和发射机到接收机距离的函数,在移动通信工程中,通常用分贝值来表示。自由空间损耗模型的近似计算如下:

$$L(\text{dB}) = 32.44 + 20\lg f_{\text{MHz}} + 20\lg d_{\text{km}} \tag{4}$$

根据模型可以得知,随着频率的升高和距离的增大,基本损耗和中值都将增大。无线信号的频率越高,在空气中传播的损耗越大;无线信号在自由空间的衰落情况是传播距离每增大一倍,信号强度减小 6 dB。

对数正态阴影模型是大尺度衰落模型的一种。信号在无线信道传播过程中由于障碍物的阻挡(如建筑物会形成电波传播的阴影)所造成的这种信号的随机变化称为阴影衰落(Shadow Fading)。阴影衰落又称为慢衰落,其平均接收功率的变化符合对数正态分布,常用对数正态阴影模型来表征。

大尺度衰落的传播模型包括根据大量的测量结果统计分析后导出的公式,如哈塔(HATA)模型、COST231 模型、奥村(Okumara)模型等。

其中以 HATA 模型为例,HATA 模型适用于宏小区,但不适用于微小区和微微小区。

频率 f:150～1 500 MHz。

距离 d:1～20 km。

基站天线高度 h_{b}:30～200 m。

移动台天线高度 h_{m}:1～10 m。

其市区的路径损耗公式为:

$$L(\text{dB}) = 69.55 + 26.16\lg f - 13.82\lg h_{\text{b}} + (44.9 - 6.55\lg h_{\text{b}})\lg d - a(h_{\text{m}})$$

中小城市:$a(h_{\text{m}}) = (1.1\lg f - 0.7)h_{\text{m}} - (1.56\lg f - 0.8)$。

大城市:$a(h_{\text{m}}) = 3.2(\lg 11.75 h_{\text{m}})^2 - 4.97$。

小尺度衰落模型是描述发射机与接收机之间短距离(几个波长)或短时间(秒级)内接收信号电平的快速波动的传播模型。在小尺度上,无线电波沿着多条不同的路径传播,称为多径传播。多径传播产生多径效应,同一发射信号沿两条或多条路径传播后,以微小的时间差到达接收机,多径效应会造成接收信号强度在短距离(短时间)上的急剧变化。

电波传播过程中还会存在由于移动台(或相互作用物体)的运动而造成的接收频率与发射频率出现差异的现象,这种现象被称为多普勒效应。多普勒效应所引起的频率偏移称为多普勒频移。

MS 以速率 v 匀速靠近基站移动时,接收频率 $f_{\text{re}} = f_{\text{c}} + f_{\text{d}}$,其中 f_{c} 为发射载频,f_{d} 为多普勒频移,θ 为入射波与 MS 运动方向的夹角。此时:

$$f_{\text{d}} = \frac{v}{\lambda}\cos\theta > 0$$

MS 以速率 v 匀速远离基站移动时:

$$f_{\text{d}} = -\frac{v}{\lambda}\cos\theta < 0$$

多径传播中每个多径波到达接收机的路径不同,因此它们到达的时间也不同,每个多径波在接收机处并不是完全对齐的,这样一个基带信号的符号所占用的时间将会超过其原来的符号周期,从而对其他的符号产生串扰,即码间串扰。码间串扰的存在会引起信号模糊,即信号的时间色散造成基带解调信号的波形失真。

快速衰落是指信号在接收点相叠加,造成接收信号幅度快速起伏的现象。快速衰落信号幅度是随机的,其包络服从瑞利(Rayleigh)分布或莱斯(Rice)分布。其中瑞利分布只适用于从发射机到接收机不存在直射信号的情况,否则应使用莱斯分布作为信道模型。

3.10.2 传播模型校正

传播模型是移动通信网站点规划的基础,传播模型的准确与否关系到站点规划是否合理,运营商是否以比较经济合理的方式满足了用户的需求。

在实际的应用中,由于移动台不断运动,传播信道不仅受到多普勒效应的影响,而且还受地形、地物的影响,另外移动系统本身的干扰和外界干扰也不能忽视。基于移动通信系统的上述特性,严格的理论分析很难实现,需对传播环境进行近似、简化,从而使理论模型存在较大的误差。此外,我国幅员辽阔,各省、市的无线传播环境千差万别,如果仅仅根据经验而无视各地不同地形、地貌、建筑物、植被等参数的影响,必然会导致所建成的网络或者存在覆盖、质量问题,或者所建基站过于密集,造成资源浪费。

因此就需要针对各个地区不同的地理环境进行测试,通过分析与计算等手段对传播模型的参数进行修正。最终得出最能反映当地无线传播环境的、最具有理论可靠性的传播模型,从而提高覆盖预测的准确性。

现阶段模型校正的方法主要采用基于大量测量数据的统计模型,而无线传播模型主要考虑的是室外环境适用于宏蜂窝信号预测的传播模型。对于传播模型的研究,传统上集中于给定范围内平均接收场强的预测和特定位置附近场强的变化。对于预测平均场强并用于估计无线覆盖范围的传播模型,该模型描述的是发射机和接收机之间长距离上的场强变化,即前述的大尺度传播模型,下面就宏蜂窝的标准传播模型进行介绍。

$$P_{RX} = P_{TX} + k_1 + k_2 \lg d + k_3 \lg H_{eff} + k_4 \text{Diffraction} + k_5 \lg H_{eff} \lg d + k_6(H_{meff}) + k_{CLUTTER}$$

上式中:

P_{RX},接收功率;

P_{TX},发射功率;

d,基站与移动终端之间的距离;

H_{meff},移动终端的高度;

H_{eff},基站距离地面的有效天线高度;

Diffraction,绕射损耗;

k_1,参考点损耗常量;

k_2,地物坡度修正因子;

k_3,有效天线高度增益;

k_4,绕射修正因子;

k_5,奥村-哈塔乘性修正因子;

k_6,移动台天线高度修正因子;

$k_{CLUTTER}$,移动台所处的地物损耗。

利用该模型校正的方法是:首先选定一个模型并设置各参数 $k_1,k_2,\cdots,k_6$ 及 $k_{CLUTTER}$ 的值,通常可选择该频率上的缺省值进行设置,也可以选择其他地方类似地形的校正参数,然后以该模型进行无线传播预测,并将预测值与路测数据进行比较,得到一个差值,再根据所得差值的统计结果反过来修改模型参数,经过不断的迭代处理,直到预测值与路测数据的均方差及标准差达到最小,则此时得到的模型的各参数值就是我们所需的校正值,如图 3.10.1 所示。

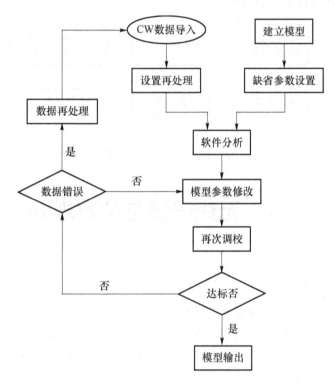

图 3.10.1　无线传播模型校正流程

3.10.3　仿真方法

1. 静态仿真

目前常用商用仿真工具都是基于静态仿真的。其主要特征一般是单机,利用传播模型计算单站覆盖面积,针对多天线传输模式,一般情况下没有办法动态调整,只能按照预设的链路性能曲线来近似模拟,无法模拟 X2 接口交互,无法进行切换等仿真,采用多次快照式蒙特卡罗(Monte Carlo)静态仿真来近似模拟用户的随机分布和业务行为。

2. 动态仿真

动态仿真是指利用云计算等分布式计算技术,由多台服务器构成分布式计算平台,实时进行三维空间信道建模,体现出与实际环境相接近的时间/频率/空间特征。动态仿真可以完整实现多天线算法,如空时编码、最小均方误差估计(MMSE)检测、特征波束赋形等,可

97

以进行多用户实时资源调度(时域/频域/MU-MIMO),可以基于容量负荷准确评估干扰,考虑控制信道与业务信道的相互影响,可以模拟用户的移动过程并且准确评估切换过程等。但是目前动态仿真由于内核还不成熟、计算成本较高等因素,暂时没有得到大规模商用,只是业界用于评估和仿真新技术的验证平台。

3. 仿真流程

LTE 仿真流程如图 3.10.2 所示,首先根据基站工程参数、传播模型及地图进行覆盖估算,然后根据覆盖估算结果进行邻区、频率及 PCI 等无线参数规划,结合话务地图等进行蒙特卡罗仿真,并对仿真结果进行分析。

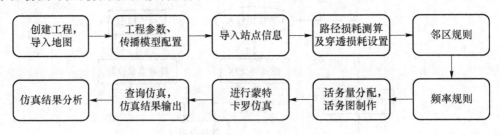

图 3.10.2　LTE 仿真流程

3.11　无线资源与参数规划

3.11.1　邻区规划

移动通信系统中的邻区是指覆盖有重叠且设置有切换关系的小区,一个小区可以有多个邻区。邻区的设置使得终端在移动过程中可以在定义了邻区关系的小区之间进行业务的切换,不会中断。邻区关系是保证顺利切换到最佳信号相邻小区的重要参数,可以保障通信质量和整个网络的性能。

LTE 的邻区规划需要综合考虑各小区的覆盖范围及站间距、方位角等,可以利用仿真软件进行自动配置,结合人工测试等手段判断邻区是否错配、漏配等。

邻区规划原则如下。

① 地理位置上直接相邻的小区一般要作为邻区。

② 邻区一般都要求互为邻区;在一些特殊场合,可能要求配置单向邻区。

③ 邻区不是越多越好,也不是越少越好,应该遵循适当原则。太多,可能会加重手机终端测量负担;太少,可能会因为缺少邻区导致不必要的掉话和切换失败。

④ 邻区应该根据路测情况和实际无线环境而定。尤其对于市郊的基站,即使站间距很大,也尽量要把位置上相邻的作为邻区,保证能够及时做可能的切换。

另外,LTE 设备厂家还开发了一种称为 ANR(Auto Neighbor Relation,自动邻区关系)的算法,作为 LTE SON 体系中的一部分,可在网络开通后自动检测周边小区信号并自动添加邻区关系。

3.11.2　PCI 规划

LTE 的物理小区标识(PCI)是用于区分不同小区的无线信号,规划需要保证在相关小区覆盖范围内没有相同的物理小区标识。LTE 的小区搜索流程确定了采用小区 ID 分组的形式,先通过 PSS 确定具体的小区 ID;再通过 SSS 确定小区组 ID。对于 LTE FDD 来说,PSS 位于子帧 1 和子帧 6 的第 3 个符号处,SSS 位于子帧 0 和子帧 5 的最后一个符号处;对于 TD-LTE 来说,PSS 相应地位于 5 ms 半帧的 DwPTS 时隙的第 3 个符号处,SSS 位于 5 ms 半帧的子帧 0 的最后一个符号处。

根据协议规定,LTE 共 504 个 PCI 编号(0~503)。PCI 分为 3 组,每组有 168 个,组 ID 即为 SSS,小区 ID 即为 PSS,即 PCI＝3×Group ID(SSS)＋Sector ID(PSS)。因此,如果两个小区的 PCI mod 3 值相同,PSS 就会相同;如果两个小区覆盖区域重叠,就会造成 PSS 干扰,也就是常说的模 3 干扰。

PCI 与小区专属参考信号(CRS)的产生和位置都有相关性,如果两个小区的 PCI 相同,那么它们的 CRS 序列也是相同的,因此相邻小区的 PCI 相同会造成 CRS 间的干扰。CRS 的位置是经过 PCI 的模 6 运算决定的,因此如果相邻小区的 PCI mod 6 值相同,同样会造成 CRS 间的干扰。

PUSCH 信道中携带了 DM-RS 和 SRS 的信息,这两个参考信号对于信道估计和解调非常重要,它们是由 30 组基本的 ZC 序列构成的,即有 30 组不同的序列组合,所以如果 PCI mod 30 值相同,那么会造成上行 DMRS 和 SRS 的相互干扰。

在以上的干扰中,PCI 相同与 PCI mod 3 引发的干扰最为严重,会造成 PSS 解析失败,RS-SINR 大幅下降,切换失败等。因此在规划 PCI 时需要遵循以下原则。

- 邻区不冲突原则。要尽量保持相邻小区间的 PCI 不相等。
- 干扰最小化原则。在保证相邻小区间 PCI 不相等的前提下,选择干扰最优的解决方案,可以采用遗传算法等去寻找最优解决方案。

尽量避免过多的同频小区覆盖同一片区域,降低 PCI 规划的难度。

3.11.3　TA 规划

1. TA 及 TA list 的概念

跟踪区(Tracking Area,TA)是 LTE 系统为 UE 的位置管理设立的概念。TA 功能与 3G 系统的位置区(Location Area,LA)和路由区(Routing Area,RA)类似。通过 TA 信息核心网络能够获知处于空闲态的 UE 的位置,并且在有数据业务需求时,对 UE 进行寻呼。

一个 TA 可包含一个或多个小区,而一个小区只能归属于一个 TA。TA 用 TA 码(TAC)标识,TAC 在小区的系统消息(SIB1)中广播。实际使用时采用跟踪区标识(Tracking Area Identity,TAI),TAI 是由 MCC、MNC 和 TAC 组成的,共 6 字节。即:

$$TAI = MCC + MNC + TAC$$

其中,移动国家码(Mobile Country Code,MCC)的资源由国际电信联盟(ITU)统一分配和管理,唯一识别移动用户所属的国家,共 3 位,中国为 460;移动网络码(Mobile Network Code,MNC)共 2 位,如中国移动使用 00、02、04、07,中国联通 GSM 系统使用 01、06、09,中国电信 CDMA 系统使用 03、05,中国电信 4G 使用 11,中国铁通系统使用 20。

TAC 参数的取值范围为 0～65 535。

LTE 系统引入了 TA list 的概念,一个 TA list 包含 1～16 个 TA。MME 可以为每一个 UE 分配一个 TA list,并发送给 UE 保存。UE 在该 TA list 内移动时不需要执行 TA list 更新;当 UE 进入不在其所注册的 TA list 中的新 TA 区域时,需要执行 TA list 更新,此时 MME 为 UE 重新分配一组 TA 并形成新的 TA list。在有业务需求时,网络会在 TA list 所包含的所有小区内向 UE 发送寻呼消息。LTE 中,寻呼区域的大小取决于 TA list 的大小。

因此在 LTE 系统中,寻呼和位置更新都是基于 TA list 进行的。TA list 的引入可以避免在 TA 边界处由于乒乓效应导致的频繁 TA 更新。

2. TA 规划原则

TA 作为 TA list 下的基本组成单元,其规划直接影响 TA list 的规划质量,需要对 TA 做如下要求。

(1) TA 面积不宜过大

TA 面积过大则 TA list 包含的 TA 数目将受到限制,这样降低了基于用户的 TA list 规划的灵活性,TA list 引入的目的不能达到。

(2) TA 面积不宜过小

TA 面积过小则 TA list 包含的 TA 数目就会过多,MME 维护开销及位置更新的开销就会增加。

(3) TA 的边界应设置在低话务区域

TA 的边界决定了 TA list 的边界。为减小位置更新的频率,TA 的边界不应设在高话务量区域及高速移动等区域,应尽量设在天然屏障位置(如山川、河流等)。

在市区和城郊交界区域,一般将 TA 的边界放在郊区外围的基站处,而不是放在话务密集的城郊接合部,避免接合部的用户位置频繁更新。同时,TA 划分尽量不要以街道为界,一般要求 TA 的边界不与街道平行或垂直,而是斜交。此外,TA 的边界应该与用户流的方向(或者说是话务流的方向)垂直,而不是平行,避免产生乒乓效应的位置或路由更新。

3. TA list 规划原则

由于网络的最终位置管理是以 TA list 为单位的,因此 TA list 的规划要满足 3 个基本原则。

(1) TA list 不能过大

TA list 过大,则 TA list 中包含的小区就会过多,寻呼负荷随之增加,可能造成寻呼滞后,增加端到端的接续时长,直接影响用户感知。

(2) TA list 不能过小

TA list 过小则位置更新的频率就会加大,这不仅会增加 UE 的功耗,还会增加网络信令开销,同时,UE 在 TA 更新过程中是不可及的,用户感知会随之降低。

(3) TA list 的边界应设置在低话务区域

如果 TA 边界未能设置在低话务区域,必须保证 TA list 的边界位于低话务区。

3.12　规划结论

规划结论一般情况下是对本规划方案进行总结,概述方案中的关键部分,如规模、建设方式、建成后的意义及存在的风险等。

3.13　网络规划实例

3.13.1　需求分析

某市需建设 F 频段的 TD-LTE 制式的 LTE 网络,以完成主城区的 LTE 无线网络覆盖。

1. 业务分析

要求首先进行数据热点区域的连续覆盖。根据规划要求,对现网 2G/3G 数据业务进行统计,得出该市室外基站数据热点集中区域。

将现网数据业务密度进行数据业务密度等级计算(可根据要求将 2G/3G 业务分别计算,或将 2G/3G 业务汇总计算),确定数据热点区域分级,在进行覆盖区域选择的时候,需按照优先级(一级热点区域＞二级热点区域＞三级热点区域)进行顺序覆盖,各热点区域要求尽量连续覆盖。

根据链路预算及仿真得到的不同覆盖区域站密度,结合现网站址资源,规划每一片连续数据热点区域所需要的站数。并根据得到的覆盖优先级,将最需要覆盖的区域进行站址数计算。同时,将较为临近的覆盖备选区域连接起来,重新计算或仿真得到新的连续区域站址数。

对以上得到的覆盖区域进行微调,得到最终覆盖区域。图 3.13.1 显示了室外基站的数据热点区域分布。

2. 确定网络覆盖指标

① 室外覆盖网络规划指标。目标覆盖区域内公共参考信号接收功率≥−100 dBm 的概率达到 95%。

② 用户速率。邻小区 50% 负载情况下,小区边缘单用户上下行速率达到 256 kbit/s 和 4 Mbit/s,单小区上下行平均吞吐量达到 4 Mbit/s 和 22 Mbit/s(业务子帧配置为 1∶3,特殊子帧配置为 3∶9∶2)。

③ 块差错率目标值(BLER Target)。数据业务为 10%。

3. 规划原则

本期工程实现主要数据热点区域室外成片连续覆盖。

覆盖区域主要考虑城市的主城区,包括中心商务区、商业区、高校园区,普通商务区、商业区,居民区等,覆盖区域要相对连续。

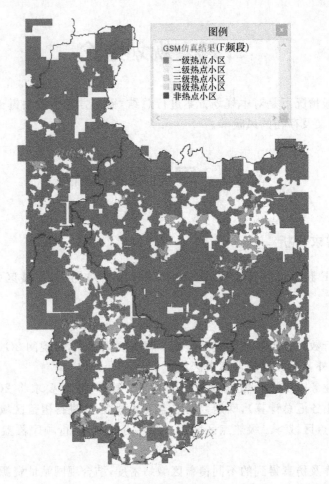

图 3.13.1　现网室外数据热点区域示意图

3.13.2　预规划

1. 工作频段

工作频段为 1 880～1 900 MHz(F 频段)。

2. 子帧规划

子帧转换点可以灵活配置是 TD-LTE 系统的一大特点,非对称子帧配置能够适应不同业务上下行流量的不对称性,提高频谱利用率,但如果基站间采用不同的子帧转换点,则会带来交叉时隙的干扰,因此在网络规划时需利用地理环境隔离、异频或关闭中间一层的干扰子帧等方式来避免交叉时隙干扰。

本次子帧规划要求如下:根据上行业务需求情况可全网将业务子帧配置为 1∶3,特殊子帧配置为 3∶9∶2。

3. 天线选择

TD-LTE 可采用八阵元天线和两阵元天线等类型天线,在无线覆盖区设计中,应根据覆盖要求、工程实施条件合理选择。

八阵元天线在系统性能,尤其是小区边缘吞吐量的性能上具有一定优势,可作为 TD-LTE 无线网络的主用天线类型。两阵元天线在八阵元天线无法发挥赋形性能或安装受限的场景采用,包括热点覆盖、补盲、道路覆盖、天线美化及隐蔽性要求高等场景。应根据 TD-LTE 无线网主设备情况新建天线或与 TD-SCDMA/GSM 共用天馈线。

① 无线网主设备采用 TD-SCDMA 升级建设方式,使用原 TD-SCDMA 系统天线。若原 TD-SCDMA 系统天线不支持 TD-LTE,应替换为支持 TD-LTE 的天线。

② 无线网主设备采用新建方式,对于八通道 RRU,可使用独立的八通道智能天线或与 TD-SCDMA 系统共用天线;对于两通道 RRU,可使用独立的双通道天线或通过外置合路器与 GSM 系统共用双极化天线。

4. 容量规划

根据资料分析,预计覆盖区未来每平方千米 LTE 用户数为 5 000 人,每用户月均流量为 3 GB,流量忙时占比为日均流量的 10%,忙时峰值吞吐量为忙时平均吞吐量的 2 倍,基站类型为 S111,小区平均吞吐率指标为 20 Mbit/s,则每站点可以承载的用户数 = $3 \times 20/[3 \times 1024/30(天) \times 8(\text{bit}) \times 10\%/3600 \times 2] \approx 1\ 318$ 人,每平方千米需要的基站数为 $G = 5\ 000/1\ 318$,即 4 个。

5. 室外覆盖规划

(1) 链路预算

本工程链路预算基于下列预设条件:①F 频段、八阵元智能天线组网;②子帧配比为 1:3(3:9:2);③边缘速率为 1 Mbit/s 和 256 kbit/s(下行和上行);④用户占用 20RB 资源;⑤RSRP 大于等于 −100 dBm 的概率大于 95%。

通过链路预算,可以得出业务信道链路预算的对比,如表 3.13.1 所示。

表 3.13.1　业务信道链路预算对比表(95%覆盖率)

场　景	密集市区	一般市区	景　区
最大允许路径损耗/dB		122	
小区半径/km	0.29	0.29	0.29
站距/km	0.44	0.44	0.44
每平方公里站数/个	6.03	6.03	6.03

(2) 覆盖半径与站址需求

根据链路预算结果,结合网络建设需求,该工程基站站距设置应按表 3.13.2 的原则进行规划。

表 3.13.2　TD-LTE 站间距规划原则

区域类型	站间距/m	站址密度
密集市区	200~400	每平方千米 5~7 个基站
一般市区	400~600	每平方千米 4~6 个基站
其他场景	600~800	每平方千米 2~4 个基站
	800~1 000	每平方千米 1~2 个基站

3.13.3 仿真分析

1. 传播模型校正

为了获得与实际环境更加吻合的传播模型,下面针对密集市区、一般市区两种具有代表性的区域进行了 1.9 GHz 传播模型校正。

本次仿真使用的是无线网络规划软件 ANPOP 的标准传播模型(Standard Propagation Model,SPM),其公式如下:

$$L_{model} = K_1 + K_2 \times \lg d + K_3 \times \lg H_{Texff} + K_4 \times DiffractionLoss + K_5 \times \lg d \times \lg H_{Txeff} + K_6 \times H_{Rxeff} + K_{clutter} \times f(clutter)$$

其中:

K_1,常量,单位为 dB;

K_2,常量;

d,接收机到发射机的距离,单位为 m;

K_3,常量;

H_{Texff},发射天线等效高度,单位为 m;

K_4,常量;

DiffractionLoss,绕射损耗,单位为 dB;

K_5,常量;

K_6,常量;

H_{Rxeff},接收天线等效高度,单位为 m;

$K_{clutter}$,常量因子。

在 Atoll 标准传播模型的基础上,参考该地区典型区域的实际测试数据并取定传播模型参数,具体参数如表 3.13.3 和表 3.13.4 所示。

表 3.13.3　该地区传播模型参数表

传播模型参数	密集市区	一般市区
K_1	17.40	17.00
K_2	46.13	46.13
K_3	5.83	5.83
K_4	0	0
K_5	−6.55	−6.55
K_6	0	0
$K_{clutter}$	0	0

表 3.13.4　该地区地形参数表

地形参数	密集市区	一般市区
Inland Water(内陆水域)	0.11	0.63
Ocean Area(海洋区域)	0	0
Wet Land(湿地)	0	5.71
Open Land in Village(乡村开阔地)	0	0
Park in Urban(城市公园)	0	−3.60
Open Land in Urban(城市开阔地)	−3.86	11.07
Green Land(绿地)	1.34	−3.40
Forest(森林)	0.61	4.89
High Buildings(高层建筑物)	1.27	−1.95
Common Buildings(普通建筑物)	−12.15	5.61
Parallel and Lower Buildings(成排分布低矮建筑物)	1.94	−2.85
Larger and Lower Buildings(较大占地低矮建筑物)	−3.30	11.27
Others Lower Buildings(其他低矮建筑物)	0.65	−4.09
Dense Urban(密集城区)	−3.11	5.55
Town in Suburban(郊区乡镇)	0	0
Village(乡村)	0	0

2. 仿真区域和方案

区域内共 589 个物理站址、1 763 个小区,规划区面积为 251.5 km²,平均站间距为 702 m,覆盖半径为 351 m;密集市区共 178 个基站、532 个小区,规划区面积为 39.52 km²,平均站间距为 506 m,覆盖半径为 253 m;一般市区共 411 个基站、1 231 个小区,规划区面积为 211.98 km²,平均站间距为 771.72 m,覆盖半径为 386 m。

3. 仿真结果分析

(1) RSRP

RSRP 仿真结果如图 3.13.2 所示,RSRP 仿真结果如表 3.13.5 所示。

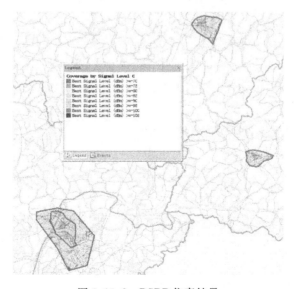

图 3.13.2　RSRP 仿真结果

表 3.13.5　RSRP 仿真结果统计表

项　目	面积/km²	所占百分比/(%)
Best Signal Level(dBm)>=−70	21.083	8.4
Best Signal Level(dBm)>=−75	59.360	23.6
Best Signal Level(dBm)>=−80	113.780	45.3
Best Signal Level(dBm)>=−85	165.628	66.0
Best Signal Level(dBm)>=−90	206.473	82.3
Best Signal Level(dBm)>=−95	232.770	92.7
Best Signal Level(dBm)>=−100	245.210	97.7
Best Signal Level(dBm)>=−105	248.943	99.2

注:"Best Signal Level"的含义为最好信号水平。

（2）满载 RS-SINR

RS-SINR 仿真结果如图 3.13.3 所示,满载 SINR 仿真结果如表 3.13.6 所示。

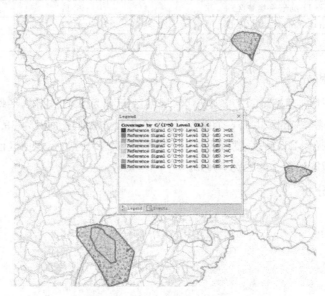

图 3.13.3　RS-SINR 仿真结果

表 3.13.6　满载 SINR 仿真结果统计表

项　目	面积/km²	所占百分比/(%)
Reference Signal $C/(I+N)$ Level (DL) (dB)>=20	7.915	3.2
Reference Signal $C/(I+N)$ Level (DL) (dB)>=15	25.005	10.0
Reference Signal $C/(I+N)$ Level (DL) (dB)>=10	59.098	23.5
Reference Signal $C/(I+N)$ Level (DL) (dB)>=5	118.330	47.1
Reference Signal $C/(I+N)$ Level (DL) (dB)>=0	208.383	83.0
Reference Signal $C/(I+N)$ Level (DL) (dB)>=−3	242.218	96.5
Reference Signal $C/(I+N)$ Level (DL) (dB)>=−5	248.300	98.9
Reference Signal $C/(I+N)$ Level (DL) (dB)>=−20	250.813	99.9

注:"Reference Signal $C/(I+N)$ Level (DL)"的含义为参考信号 $C/(I+N)$ 水平(下行)。

蒙特卡罗仿真结果统计如表 3.13.7 所示。

表 3.13.7 蒙特卡罗仿真结果统计表

仿真指标	目　标	仿真结果
用户数	—	17 784 人
接入成功率	大于 95%,挑战值 98%	96.10%
上行平均速率	大于 4 Mbit/s	4 722 Mbit/s
上行边缘速率	大于 256 kbit/s	289 kbit/s
下行平均速率	大于 20 Mbit/s	24 521 Mbit/s
下行边缘速率	大于 1 Mbit/s	1 625 kbit/s
上行平均 RB 利用率	—	86.64%
下行平均 RB 利用率	—	53.64%

（3）仿真分析结论

根据仿真结果,F 频段 RSRP 大于 −100 dB 的面积有 245.21 km^2,所占比例达 97.7%,满载时 RS-SINR 大于 −3 dB 的面积有 242.22 km^2,所占比例达 96.3%,达到了既定的覆盖规划目标。从蒙特卡罗仿真结果可以看出上下行平均速率及边缘速率达到了预计值的要求。

3.13.4　规划结论

本规划方案从现网分析入手,结合实际情况制订了该地区 TD-LTE 室外部分的建设方案。本规划方案共建设 589 个基站,共址基站 461 个,新选站址 128 个,共址率为 78%。通过仿真验证,该规划方案能较好地完成覆盖目标。

习题与思考

1. 简述跟踪区的作用。

2. 简述 PCI 的定义和配置原则。

3. LTE 的特殊时隙配置有哪些方式?

4. 简述 TAI 的组成。

5. 简述 LTE 跟踪区边界的规划原则。

6. 衡量 LTE 覆盖和信号质量的基本测量量有哪些?

7. 简述 LTE 无线参数规划的内容。

8. 根据 30 MHz 带宽资源,如何来进行频率规划?指出不同方案的优缺点以及应用场景。

9. 简述 LTE 覆盖估算的流程。

10. 试计算 LTE 下行峰值速率,并标明每个参数的由来。

第4章　LTE移动网络优化

【本章内容简介】

本章主要介绍 LTE 网络优化目标、网络覆盖方式、常用网络优化工具及使用、网络优化思路及流程、后台分析与优化以及前台网络问题分析与优化等具体的 LTE 移动网络优化理论及方法。

【本章重点难点】

LTE 网络覆盖方式、网络优化思路及流程、后台分析与优化、前台网络问题分析与优化。

4.1　网络优化目标

4.1.1　网络优化的意义

所谓网络优化,是指根据系统的实际表现和实际性能,对系统进行分析,在分析的基础上,通过对网络资源和系统参数进行调整,使系统性能逐步得到改善,达到系统现有配置条件下的最优服务质量。

对比有线网络,无线网络面对的覆盖环境更加复杂多变,无线信号会产生直射、漫射、散射,用户能从不同空间角度收到信号。无线空间除了运营商的网络信号之外,还有其他各种无线信号发生器产生的信号,如无线电台、集群通信、军事通信、私装直放站、信号屏蔽器。这些信号在空间又会叠加产生各种效应,不同地区不同环境下的无线信号传播都存在一定的不确定性。LTE 移动网络存在各种网络参数配置,主要包括物理参数(如天线挂高、增益、下倾角等)以及小区参数(如接入参数、切换参数等)等,不同的参数配置会产生不一样的网络覆盖效果。从用户的需求来看,有些用户关注打电话,有些用户需要高速下载,有些用户只刷微信和看网页,有些用户爱看视频直播,这些不同的应用需求对网络服务的要求不尽相同。那么问题来了,面对如此复杂多变的无线环境以及不同用户的网络使用需求,如何做好网络优化工作呢?我们网络优化的目标究竟是什么?

归根结底移动通信网络是为网络的使用者服务的,用户的体验是检验网络优化效果的唯一标准,网络优化应该以最大化提升用户感知为终极目标。只有用户的需求解决了,用户的体验得到满足了,网络优化工作才真正做到位了。因此,作为网络优化人员,需要时刻换位思考,不断从用户的角度出发,通过各种网络优化手段,努力满足用户的需求,提升用户的感知,让网络实实在在地回归到本原,为用户提供优质的网络通信服务。

4.1.2　覆盖、容量、质量的平衡

在日常网络优化之中,我们经常会碰到描述网络特性的 3 个主要问题:覆盖、容量、质量。覆盖代表网络无线信号的辐射范围,平常大家经常会说这里信号好不好,有没有满格,这个就是在讲覆盖问题。影响覆盖能力的主要是室外站点位置的选取,天线的覆盖角度,有没有高楼的阻挡,基站设备的功率,室内有没有做分布系统等。容量代表网络能给用户提供多大的服务能力。例如,晚上 8 点高峰时段或者在人流量特别大的地方,大家普遍觉得上网速度偏慢,甚至上不了网,而凌晨闲时或者人流量小的时候,上网速度就比较快,这是因为无线网络能提供的服务容量是有限的,同时使用的人多了,自然每个用户分得的服务能力就下降了。要提升网络容量,就需要对原有的站点进行扩容,或者建设更多的站点去分流用户。质量代表网络所提供服务的准确度,对 LTE 网络来说就是误码率。例如,在某些区域,手机信号很好,用户也不多,但是上网速度就是上不去,而且从后台看小区容量充足,那这个很可能是因为内部的干扰或者一些外部的干扰使用户传输的数据误码率变高,所以影响了用户体验。

覆盖、容量、质量就像马戏团的小丑抛的 3 个球,三者相互制约,不能兼得,任何时候手上只能握住其中两个,牺牲其中一个。例如,为了增强覆盖,提升容量,我们可以建设更多的站点,每个站点配置最大的载波数,但是站点一多,重叠覆盖就会增加,站点互相之间存在信号干扰或者模 3 干扰,就会影响网络质量。如果在增强覆盖的同时,又要提升网络质量,那么只能降低每个站点的载波配置,把频率间隔错开,减少相互之间的干扰,但是这样就没法给每个站点更大的载波配置,网络的容量就会下降。

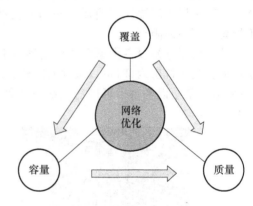

图 4.1.1　网络优化的平衡

而如何平衡三者之间的关系,就回到 4.1.1 节所提到的,以最大化提升用户感知为终极目标。网络优化的平衡如图 4.1.1 所示。

4.2　网络覆盖方式

要对无线网络进行优化,首先需要了解无线网络有哪些覆盖的方式,网络的信号可以通过什么手段传播到无线空间中去。本节主要给大家讲述无线网络常见的覆盖方式,也就是无线网络常见的建设手段。手机接收到的信号都是通过这些方式获取到的。比较常见的包括宏基站、室内分布系统、微小站等,无线网络的骨架主要是通过这些站点搭建起来的。此外,还有一些小范围或者临时性的网络覆盖手段,用于对一些网络覆盖漏洞进行补充,如无线直放站、应急通信车等。

4.2.1 宏基站

宏基站也叫大站,是无线网络覆盖最主要的手段。平时大家经常见到的通信铁塔、通信杆、部署在楼顶上的大板状天线都属于宏基站。现有网络的绝大部分覆盖和容量都是由宏基站提供的,它是决定无线网络质量的主要根基,也是日常网络优化的主要对象。宏基站一般由通信机房和天面两大部分组成。通信机房主要用于摆放无线主设备、传输设备、配套电源等,常规楼面站一般选取在楼内的某个房间或者在楼顶搭建简易机房,通信铁塔、通信杆的机房一般选择在旁边空地上自建机房或者摆放简易机房。天面主要用于布放天线,常规楼面站一般放置支撑杆或者支撑架,然后在上面布放板状天线;部分站点由于周边物业比较敏感,会对天线采用一些美化手段,如安装排气管、水桶、空调外罩等,以降低外观的敏感度。通信铁塔、通信杆相对简单,一般在顶部设置几层平台,将天线安装到平台的支撑杆上并进行固定。

宏基站由于地势高、功率强,一般能覆盖到周边几百米的区域,密集城区一般建议站间距为 200~400 m,普通城区一般建议站间距为 400~600 m,部分郊区的空旷区域宏基站能覆盖 1~2 km,站间距可以拉大到几千米,具体要根据现场实际无线环境而定。宏基站对天线的布放位置要求比较高,必须能够将信号覆盖到需要覆盖的区域,不能有明显的阻挡或者干扰。一般建议天线要比周边楼宇平均高度高 6~8 m,天线尽量布放在楼宇的边缘,正前方不能有大面积的阻挡。

宏基站根据基站设备类型和建设类型的不同,分为室内型宏基站和室外型宏基站。室内型设备安装于机房内部,可以根据实际建设环境,选择租用机房和楼顶自建简易机房的方式,室外型宏基站设备由于可以适应室外恶劣气候环境,可以采用户外一体化机柜安装,如图 4.2.1 所示。

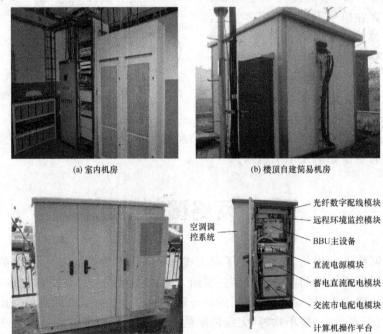

(a) 室内机房　　　　　　　　　　(b) 楼顶自建简易机房

(c) 户外一体化机柜

图 4.2.1　宏基站实物图

室外天线以安装方式分类，可分为支撑杆、通信杆、通信铁塔、楼顶增高架等，如图 4.2.2 所示。

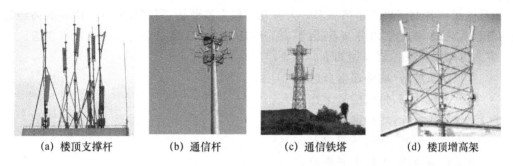

（a）楼顶支撑杆　　　　（b）通信杆　　　　（c）通信铁塔　　　　（d）楼顶增高架

图 4.2.2　宏基站普通室外天线类型

城市建设的要求越来越高，为了基站与周围环境的和谐，目前城市区域的天线建设多采用美化天线。天线的美化类型包括水塔形、方柱形、空调形、灯杆形、排气管形和树形等。在建设时，根据周边环境选择具体的类型。美化型室外天线如图 4.2.3 所示。

（a）美化水塔　　　　　（b）美化方柱　　　　　（c）美化空调

（d）美化灯杆　　　　　（e）美化排气管　　　　（f）美化树

图 4.2.3　宏基站美化型室外天线

4.2.2　室内分布系统及室分外拉

宏基站虽然能覆盖大部分的区域，但在实际网络中，用户的通信服务需求通常位于室内，所以需要对室内进行覆盖，特别是针对大型建筑的室内覆盖。宏基站有几个明显的缺点：一是室内由于外墙以及内部装修隔断的阻挡，信号衰减严重，即宏基站深度覆盖不足；二是大型场所(如商场、体育场等)人流量大,通信需求多,用宏基站覆盖,容量明显不足。因此我们需要在室内布放分布系统,加强深度覆盖,并对不同区域进行合理的小区划分,增大容量,满足区域内各类用户的通信需求。大家在一些大型商场、写字楼或者住宅小区内经常看到的蘑菇头天线,就是室内分布系统的一部分,证明这个区域已经有室内站进行覆盖。

室内分布系统的主要作用如下。

- 克服建筑屏蔽,填补通信盲区。
- 降低手机功率,排除信号干扰。
- 改善网络指标,均衡网络容量。
- 解决话务拥塞,增加话费收入。
- 延伸覆盖范围,提高服务质量。

室内分布系统一般由通信机房和天馈分布系统两大部分组成(如图 4.2.4 至图 4.2.7 所示)。由于室内站设备数量相对较少,而且可能分布在室内的不同区域,因此一般选取面积较小的通信机房,部分站点甚至没有机房,直接挂墙安装,末端的 RRU 设备通常也是挂墙并就近安装在弱电井内。传统的天馈分布系统一般是无源的,由天线、馈线和无源器件组成。

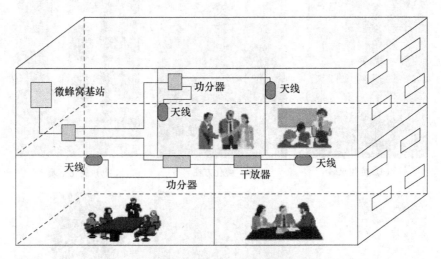

图 4.2.4　室内分布系统示意图

图 4.2.5　室内分布系统设备与天线链接示意图

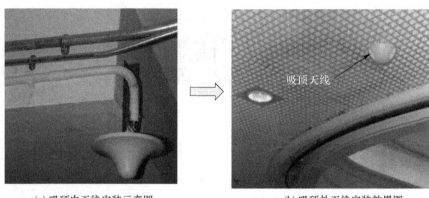

(a) 吸顶内天线安装示意图　　　　　　　　(b) 吸顶外天线安装效果图

图 4.2.6　室内分布系统天线安装实物图

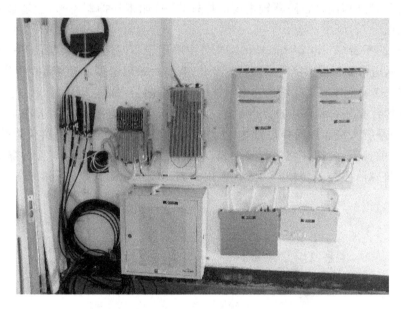

图 4.2.7　室内分布系统设备安装实物图

馈线常见的有 7/8 和 1/2 馈线，一般 7/8 馈线用于主干路网，1/2 馈线用于支路覆盖。常见的无源器件包括功分器和耦合器两种。其中，功分器有二功分器、三功分器、四功分器 3 种；耦合器主要有 6 dB、10 dB、15 dB、20 dB、30 dB 和 40 dB 6 种类型。目前室内覆盖系统所采用的无源器件多为宽频器件，其频段范围为 800～2 500 MHz，如果要支持其他频段，需要定制采购。

常用的无源器件还包括合路器、POI、分路器等。合路器分为同频段合成器和异频段合路器。室内分布系统采用的无源器件如图 4.2.8 所示。

对同频段信号的合路（合成），由于信道间隔很小（250 kHz），无法采用谐振腔选频方式来合路，常见的是采用 3 dB 电桥来合路。3 dB 电桥有两个输入口和两个输出口，两载频合路后，两个输出口均可作信号输出用，若只需要一个输出信号，则另一输出口需要负载吸收，此时的负载功率根据输入信号的功率来定，不能小于两个信号功率电平和的 1/2。建议将两路信号分别接在不同走线方向的信号传输电缆上，这样可以避免采用过高成本的功放。

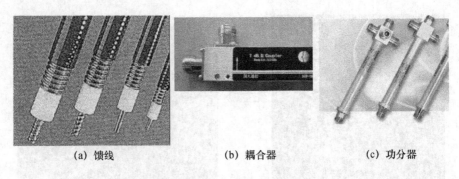

(a) 馈线　　　　　　　(b) 耦合器　　　　　　　(c) 功分器

图 4.2.8　室内分布系统采用的无源器件

异频段合路器为两个不同频段的信号功率合成所用,如 GSM 和 LTE 功率合成。由于两个信号频率间隔较大,可以选用谐振腔选频方式对两路信号进行合成。其优点是插损小,带外抑制度高,带外抑制是合路器较重要的指标之一,如带外抑制不够,会造成不同系统之间的相互干扰。

多系统合路平台(Point of Interface,POI)主要用于不同运营商共建共享一套分布系统时的信号合路,通常要根据实际需求进行专业化定制,一般用于多个运营商共享分布系统的大型体育场(馆)、交通枢纽等覆盖场景。中国铁塔股份有限公司成立以后,针对这些大型公共的室内场所,通常会考虑采用 POI 的合路方式,接入多个运营商信号,以节省分布系统的投资。

室内分布系统天线布放总体原则为:小功率、多天线。从整体网络覆盖综合考虑,在保证边缘场强的前提下,合理并均匀布放天线,尽量减少重叠覆盖区,同一个方案尽量要保持功率平衡,除特殊原因外不要相差太大。室内分布系统常用的天线如图 4.2.9 所示。

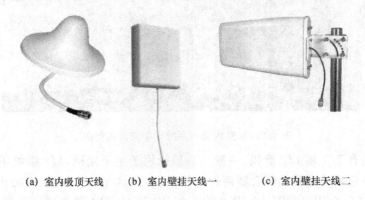

(a) 室内吸顶天线　　　(b) 室内壁挂天线一　　　(c) 室内壁挂天线二

图 4.2.9　室内分布系统常用的天线

普通楼层一般用室内全向吸顶天线。在可视环境下,如商场、超市、停车场、机场等,覆盖半径取 8~15 m;在多隔断的情况下,如宾馆、居民楼、娱乐场所等,覆盖半径取 4~10 m。

电梯内一般采用室内壁挂天线覆盖,专项覆盖时,每副天线覆盖 5 层,主瓣 4 层,后瓣 1 层;兼顾覆盖电梯厅时,每副天线覆盖 3 层,当楼层不能安装天线覆盖时,建议同一栋楼并列的几部电梯交叉向外覆盖,尽量利用电梯内天线覆盖楼层。

部分楼体,如住宅小区的楼宇,占地面积比较大,室内分布系统只能布放到部分区域,如电梯厅或者公共走廊,导致室内部分区域信号不好,周边又没有宏基站进行增强覆盖,此时可以充分利用这些楼体的天面,从室内分布系统将一部分信号延伸到天面,安装小型外拉天线,内部进行相互对打,提升深度覆盖效果,如图 4.2.10 所示。

(a) 定向美化天线覆盖　　　　　　　(b) 上倾全向天线覆盖

图 4.2.10　室内分布外拉建设方案示意图

4.2.3　微小站

微小站一般由一体化集成天线、基带和射频单元组成,具有体积小、易伪装、业主抵触少、部署简单的优点。它能充分解决 LTE 站址资源不足、天面受限和深度覆盖不足等问题。微小站可分为一体化微站和分布式微站。一体化微站即天线、基带和射频单元集为一体,可在物业点放装,进行单点补盲覆盖。分布式微站即基带和射频单元分离,使用光纤连接,可多点位布放,扩大了覆盖范围。

微小站相比常规的 RRU＋天线方案,减小了风阻,配重无须增加,可安装在小型抱杆上或挂墙安装,施工方便,隐蔽性好。可在室外补盲、室外补热、覆盖室内等场景部署微小站,能有效提升盲区 RSRP、SINR 及上下行吞吐量。具体如:居民楼、办公楼等楼宇的深度覆盖;城区部分弱覆盖路段的覆盖(如隧道、居民小区内道路、遮挡严重的背街小巷等);数据业务热点区域补热等;主干道、广场、公园、景区区域覆盖等。微小站应用场景如图 4.2.11 所示。

(a) 居民楼、办公楼等楼宇的深度覆盖　　(b) 城区部分弱覆盖路段的覆盖

(c) 数据业务热点区域补热　　　　(d) 主干道、广场、公园、景区区域覆盖

图 4.2.11　微小站应用场景

4.2.4 分布式皮/飞基站

分布式皮/飞基站系统包括主设备 BBU、接入合路单元、集线器单元、射频远端单元,各个单元之间采用光纤连接,集线器单元与射频远端单元之间采用光纤或五类线连接。分布式皮/飞基站通过多模块拼装可接入 4G 及 2G 网络系统;对于 4G 而言,分布式皮/飞基站属于基带拉远设备;对于 2G 而言,其射频信号接入室内分布系统的合路单元,由后续设备直接放大。射频远端单元输出最大功率:4G 为 2×100 mW 以上,2G 可达 50 mW。其可实现多制式功率自动匹配同覆盖,并实现对所有设备的监控。分布式皮/飞基站如图 4.2.12 所示。

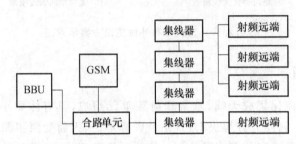

图 4.2.12 分布式皮/飞基站示意图

分布式皮/飞基站比传统的同轴电缆室内分布系统易于布放。分布式皮基站远端单元可以直接放装或外接天线,而分布式飞基站远端特别小巧(直径 10 cm 左右)。不同级数的集线器单元与远端单元相结合,通过软件设置小区合并或分裂,可便于灵活构建较大规模的分布系统。分布式皮/飞基站安装系统逻辑如图 4.2.13 所示。

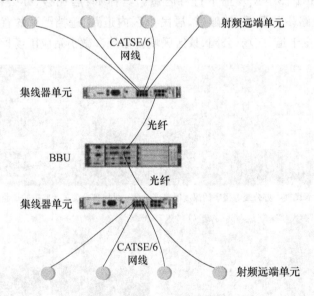

图 4.2.13 分布式皮/飞基站系统逻辑

分布式皮/飞基站的主要缺点是:

① 主设备厂家支持程度有一定差别,造价较高,个别厂家设备需要进一步推动成熟;

② 需要在建设时明确支持的模式,如建成后需要提供其他系统或新的频段覆盖,则需更新远端模块,会产生一定的改造工程量;

③ 远端为有源设备,需独立供电或通过五类线供电,因此不建议应用在取电供电困难、封闭、潮湿的场景。

分布式皮/飞基站适用于覆盖和容量需求均较大的重要室内大型场景,具备部署灵活快捷,便于容量和覆盖调整,利于监控的优势。分布式皮基站适用于大型场馆、交通枢纽等覆盖面积巨大,单位面积业务密度大或潮汐效应明显,室内区域较为空旷的场景。分布式飞基站远端较小巧,其输出功率低,适用于室内隔断较多的场景。

4.2.5　直放站

传统的直放站根据耦合方式分类,可以分为空间无线耦合直放站和直接耦合直放站,根据传输方式分类,可以分为无线直放站和光纤直放站。对于 LTE 网络而言,由于大部分主设备厂家均采用 BBU＋RRU 的设计方式,RRU 的功能相当于光纤直放站,而且优于光纤直放站,因此在 LTE 网络中光纤直放站已退出历史舞台。目前现网常见的主要是无线直放站。无线直放站需要能够接收到良好的信源,一般要求信源强度大于－75 dBm。无线直放站外观如图 4.2.14 所示。

图 4.2.14　无线直放站外观

无线直放站的特点:

① 采用空间信号直放方式;

② 输出信号频率与输入信号频率相同,透明信道;

③ 收发天线一般采用定向天线;

④ 工程选点需考虑收发天线的隔离。

无线直放站分为无线宽频直放站以及无线移频直放站。

无线宽频直放站将全部或部分频段信号直接进行放大或转发,其内部没有中频处理单元。它主要用于一些室外无线信号环境较好,室内场强弱,建筑物较小,或光纤无法到位的站点。

无线移频直放站由近端机及远端机组成。近端机直接耦合基站信号,将基站的信号转移到另一频率点上并转发给远端机;远端机再将被移动的频点还原到原基站的频率,因此无线移频直放站收发天线隔离度可以得到有效的保证。它主要用于一些室外无线信号环境差,附近基站比较密集,且光纤无法到位的站点。

若站点需要布放室外天线,进行网络覆盖,且不具备光纤传输条件,要考虑施主天线与重发天线的隔离,如果天线过近且隔离度较小,为防止直放站自激,必须采用无线移频直放站作为信源。

在设备安装时,其安装点能接收到空间基本的通话信号,且能满足收发天线的隔离要求。

其应用范围包括:填补盲区,扩大覆盖;村镇、公路、厂矿、旅游景点等补充覆盖等。

4.2.6　应急通信车

应急通信车相当于一个能够快速开启并响应的流动基站。它本身配有电池和发电设备,配备卫星传输,有可伸缩的天线支撑架,能有效应对各种突发性或者临时性的网络覆盖需求,一般用于各类大型活动的临时保障、春运高峰期交通枢纽的容量分担、抗洪救灾等应急现场保障等。应急通信车由于产量小,配置高,日常运维成本比较高,一般配置数量较少,仅用于应急场景的部署。应急通信车及其应用如图 4.2.15 至图 4.2.17 所示。

图 4.2.15　应急通信车侧视图

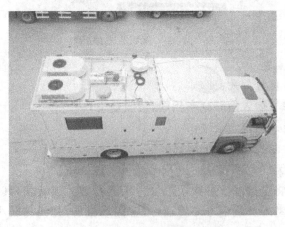

图 4.2.16　应急通信车俯视图

图 4.2.17　应急通信车的应用

4.3　常用网络优化工具及其使用

本节主要介绍网络优化工作过程中经常会使用到的一些软硬件工具,这些工具可以帮助我们了解网络状态,分析网络问题。熟练掌握这些工具的使用方法,通过这些工具可以快速定位网络问题,提升网络优化效率。

4.3.1　测试软件

1. TEMS Investigation

TEMS Investigation 是爱立信公司研发的一种网络实时诊断测试系统,主要实现无线网络空中接口的测试,在 LTE 移动通信网络的操作维护、故障处理和系统优化过程中经常被使用。TEMS Investigation 测试信息主要包括无线参数、信号强度、语音质量和空中接口信息的解码等,可以应用于 GSM 、GPRS、LTE 等网络的监测、分析和优化工作。日常网络优化中,TEMS Investigation 测试软件主要用于网优现场测试网络信号以及信令分析。通过追踪测试手机当前无线环境下的各种信号状态以及参数和信令信息,可以方便网络优化人员对网络实际情况进行清晰的定位,迅速找出网络问题。TEMS Investigation 软件界面如图 4.3.1 和图 4.3.2 所示。

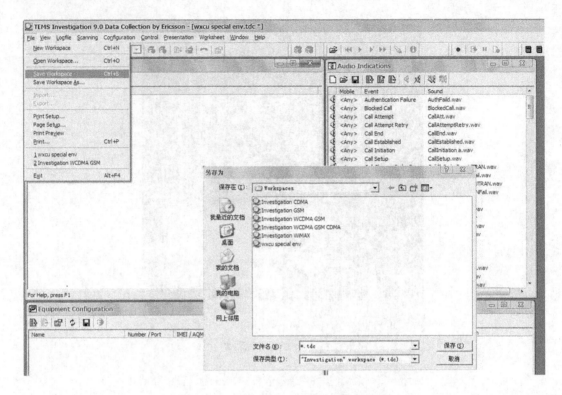

图 4.3.1　TEMS Investigation 保存界面

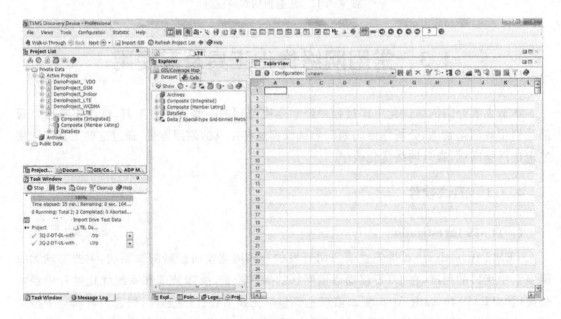

图 4.3.2　TEMS Investigation 工作界面

2. GENEX Probe

GENEX Probe 是华为公司开发的 LTE 路测前台软件,负责数据的采集、实时显示、记录,常与路测后处理软件 GENEX Assistant 配合使用。GENEX Probe 可以根据用户自选上报周期实时显示空口参数、测量指标;可以地理化显示测量指标,直观展现网络质量;可以通过配置测试计划自动执行测试任务;可以记录测试数据,为分析网络性能或问题定位提供依据;具有测试数据回放、再现测试时刻场景等测试和分析功能。GENEX Probe 的软件界面如图 4.3.3 所示。

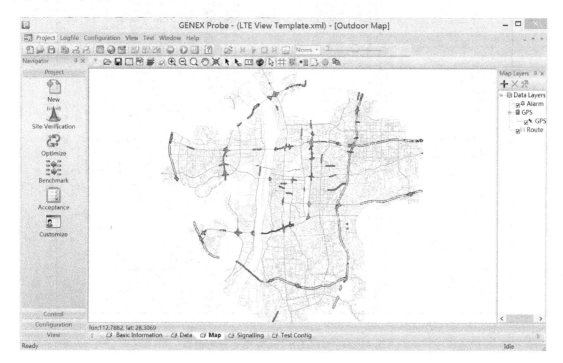

图 4.3.3　GENEX Probe 的软件界面

由于在测试时的条件限制,往往无法进行深入的观察和详细的分析,因此需要在数据回放时进行全面的分析。GENEX Probe 支持对保存的 LOG 文件进行回放。将测试时保存的测试数据进行回放,能让工程师仔细观察网络性能及问题情况,便于定位问题。在回放并分析数据时,除了观察窗口外,更重要的是对信令进行分析。GENEX Probe 信令分析窗口如图 4.3.4 所示。

数据回放功能有如下几个优点。

① 可以灵活选择回放速度,从 1/8 倍速到 32 倍速均可,并可拖拉时间条到需要回放的位置。

② 对发现的问题点,可以暂停,将相关的窗口、信令同时打开,并进行详细分析。

③ 数据回放适合对具体的问题点进行深入分析,但为了从宏观上分析网络性能,尤其是对于相关的覆盖图及 KPI 信息,它们则更适于用数据分析软件(如路测后处理软件 GENEX Assistant)进行后处理。在后处理中,GENEX Probe 可以将路测数据分段,或以 CSV 的格式导出,并根据数据分析的需要选择性导出 UE 测量数据项,也可以将数据以 BIN 为文件的保存方式进行截取。

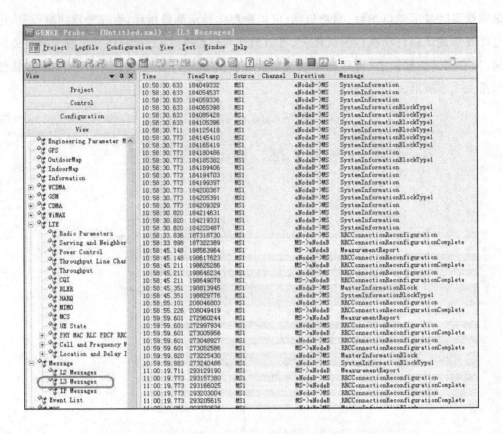

图 4.3.4　GENEX Probe 信令分析窗口

4.3.2　扫频仪

　　扫频仪可以扫频接收 LTE 信号,对无线信号进行实时分析;测量基站信号的覆盖情况和基站间的相互干扰;诊断无线网络中存在的问题;为网络优化人员提供无线链路的干扰分析和覆盖分析;为网络优化和网络维护提供必要的数据,包括空中接口的主要参数、频谱分析参数及地理化参数等。日常网络优化工作中,其通常和测试手机相互配合,对空中接口信息进行最完整的采集和测试,为网络质量评估、分析、优化提供最完整的第一手资料。其经常使用的功能包括一般无线信道强度扫描、SIR(信噪比)测量、连续波(Continuous Wave,CW)测量、频谱分析等。

　　此外,扫频仪也可以用于传播模型校正和室内分布系统模拟测试。传播模型校正主要与 CW 模拟信号发射机配套,测试信号在实际传播环境下的衰落情况,并将其地理化输出,对规划软件使用的经典传播模型进行校正。室内分布系统模拟测试主要与宽带模拟信号发射机匹配,在信号源未到位的情况下测试网络站址及天线布放位置及覆盖效果,指导室内分布系统的设计。其配套硬件如图 4.3.5 所示。

　　扫频仪与计算机连接,可以输出测试信号的衰落情况,如图 4.3.6 所示。

　　扫频仪工作界面如图 4.3.7 所示。

图 4.3.5　扫频仪配件示意图

图 4.3.6　扫频仪与计算机连接

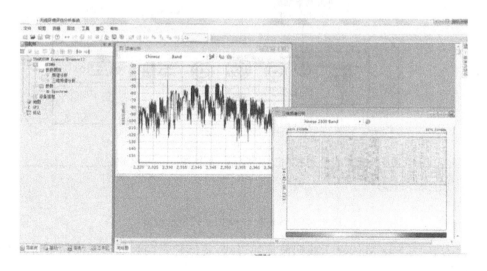

图 4.3.7　扫频仪工作界面

4.3.3　Site Master

Site Master 是一种手持式电缆和天线分析仪,被广泛应用于日常网络维护的故障定

123

位,主要用于驻波比/回波损耗(Voltage Standing Wave Ratio/Return Loss,VSWR/RL)测量、线缆插入损耗(Cable Insertion Loss,CIL)测量以及故障点定位(Distance To Fault,DTF)测量等。其中天线子系统回波损耗测量主要校验发射天线和接收天线的性能,实际网络优化中经常被用于判断天线硬件故障情况,对指标异常的天线需要根据实际情况进行修复或者更换。DTF 测量可以被用来查找馈线系统内一个故障的精确位置,方便迅速定位馈线系统故障问题点,特别是在室外馈线系统以及室内分布系统故障排查之中,经常被用于定位问题。图 4.3.8 为 Site Master 外观,图 4.3.9 为其面板接口示意图。

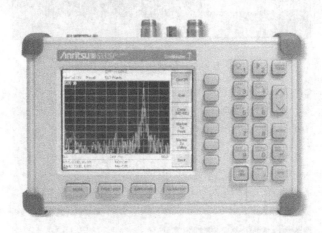

图 4.3.8　Site Master 外观

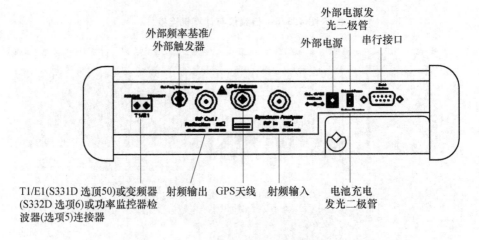

图 4.3.9　Site Master 面板接口示意图

图 4.3.10 为 Site Master 天线回波损耗迹线,将所记录的最低回波损耗与所计算的阈值进行比较。

$$回波损耗(Return\ Loss,RL) = 20lg[(VSWR+1)/(VSWR-1)]$$

注:驻波比是天线制造厂规定的 VSWR。使用手持式软件工具将 VSWR 转换为回波损耗,或将回波损耗转换为 VSWR。如果被测量的回波损耗小于所计算的阈值,则测试失效并且天线必须更换。

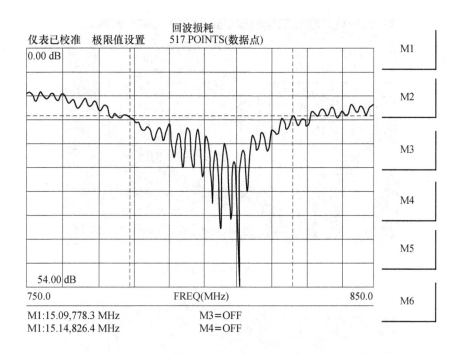

图 4.3.10　Site Master 天线回波损耗迹线

4.3.4　地图软件

无线网络优化需要对现场地理环境非常熟悉,为了更好地了解现场的地形地貌,对网络覆盖的区域进行总体把控,我们需要使用一些地图软件,比较常见的包括 Google Earth、MapInfo 等,此外百度地图、高德地图等线上地图的信息服务也可以参考,特别是地图软件的街景功能,能够将使用者置身于"现场",让使用者直观地感受周边无线环境。Google Earth、百度地图、高德地图等线上地图比较常见,下面重点讲一下 MapInfo。

MapInfo 是美国 MapInfo 公司的一套桌面地理信息系统软件,是一种数据可视化、信息地图化的桌面解决方案。它能够给出基于经纬度的地理信息显示和地图制作,并能提供地理化信息的编制、搜索、统计处理等。它依据地图及其应用的概念,采用办公自动化的操作,集成多种数据库数据,融合计算机地图方法,使用地理数据库技术,加入了地理信息系统分析功能,是一款非常有用的地图软件。日常网络优化工作中,一般用它来生成基站信息表,便于站点的规划管理和数据分析,指导站点规划设计,用于日常小区频点、PCI 等规划工作。如图 4.3.11 至图 4.3.13 分别展示了 MapInfo 软件用于布点、图例设置以及 polygon(网络)设置的应用界面。

图 4.3.11　MapInfo 布点示意图

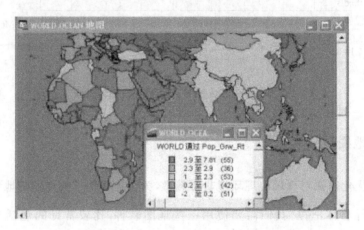

图 4.3.12　MapInfo 图例设置示意图

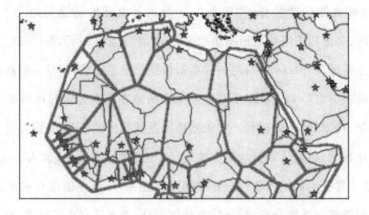

图 4.3.13　MapInfo polygon 设置示意图

4.4　LTE 网络工程优化

根据网络优化阶段和目标的不同,网络优化可分为工程优化和运维优化。工程优化是指在工程结束之后,对新建网络进行的阶段性优化;运维优化是在网络验收之后,为保证网络正常运维而进行的长期优化。在本书中,如无特别说明,网络优化均指运维优化。在 LTE 网络建设完成之后,由于实际选址和规划站址存在一定的偏差,网络建设与网络规划存在不一致性,因此,为了尽量减少工程建设对网络性能的影响,需要对新建网络进行工程优化。

LTE 网络工程优化的目标就是通过对新建的 LTE 网络进行数据采集和分析,找出影响网络质量或资源利用率不高的原因,然后通过技术手段或者参数调整使网络达到最佳运行状态,使网络资源获得最佳效益。具体来说,一方面,要对无线网络中存在的诸如弱覆盖、掉话、网络拥塞、切换成功率低和业务性能不佳等质量问题予以解决,使网络达到最佳运行状态;另一方面,要通过优化资源配置,对整个网络资源进行合理调配和运用,以适应需求和发展的情况,最大限度发挥设备潜能,在一定期限内提高网络质量,使新建网络能够尽快以让用户满意的服务质量投入使用。

4.4.1　工程优化的内容

在工程优化阶段,首先做好覆盖优化,在覆盖能够保证的基础上进行业务性能优化。工程优化的主要内容包括:

1. 最佳的系统覆盖

覆盖优化是工程优化环节中极其重要的一环。在系统的覆盖区域内,通过调整天线、功率等手段,使信号满足业务所需的最低电平的要求的地方最多,尽可能利用有限的功率实现最优的覆盖,减少由于系统弱覆盖带来的用户无法接入网络或掉话、切换失败等问题。

工程建设期可根据无线环境合理规划基站位置、设置天线参数及设置发射功率,后续网络优化中可根据实际测试情况进一步调整天线参数及功率设置,从而优化网络覆盖。

① 通过扫频仪和路测软件可确定网络的覆盖情况,确定弱覆盖区域和过覆盖区域。

② 调整天线参数可有效解决网络中大部分覆盖问题。天线对于网络的影响主要包括性能参数(天线增益、天线极化方式、天线波束宽度)和工程参数(天线高度、天线下倾角、天线方位角)两方面。在工程优化中,天线调整主要是根据无线网络情况调整天线的挂高、下倾角和方位角等工程参数。

③ 在单站和簇优化时,需要保证对每个基站的天馈参数都进行现场核实,后续在不断优化的过程中,要注意对天馈参数的调整,也要注意对基站数据资料的更新。同时,随着新加站点的持续开启,仍需要对覆盖的合理性进行全方位的评估和持续的优化调整。

2. 合理的邻区优化

邻区过多会影响终端的测量性能,容易导致终端测量不准确,引起切换不及时、误切换及重选慢等问题;邻区过少,同样会引起误切换、孤岛效应等问题;邻区信息错误则直接影响网络正常的切换。这3类现象都会对网络的接通、掉话和切换指标产生不利的影响。因此,要保证稳定的网络性能,就需要很好地来规划邻区(详见"3.11.1邻区规划")。

在工程优化阶段,需要对邻区设置情况进行优化,针对宏基站可以采取以下原则进行检查:

① 添加本站所有小区为邻区;

② 添加第1圈小区为邻区;

③ 添加第2圈主要覆盖方向的小区为邻区(需根据周围站址密度和站间距来判断);

④ 宏基站邻区数量建议控制在8个左右。

针对室内分布站点可以采取以下原则进行检查:

① 添加有交叠区域的室内分布小区为邻区(如电梯和各层之间的交叠区域);

② 将低层小区和宏基站小区添加为邻区,保证覆盖的连续性;

③ 高层覆盖如果窗户边宏基站信号很强,可以考虑添加宏基站小区到室内分布小区的单向邻小区。

除LTE系统内部的邻区规划,还需做好LTE与2G/3G等异系统间的邻区规划。由于目前LTE存在覆盖盲区,添加异系统邻区可保证业务的连续性。

3. 系统干扰最小化

一般干扰分为两大类:一类是系统内引起的干扰,如参数配置不合适,GPS跑偏,RRU工作不正常等;另一类是系统外干扰。这两类干扰均会直接影响网络质量。

通过调整各种业务的功率参数、功率控制参数、算法参数等,尽可能将系统内干扰最小化;通过外部干扰排查定位,尽可能将系统外干扰最小化。

(1) 系统内干扰

LTE有6种信道带宽配置,其中设备规范将5 MHz、10 MHz、15 MHz、20 MHz作为配置选项。配置大系统带宽优势明显,可以获得更高的峰值速率,也可以获得更多的传输资源块,这时需要考虑选择同频组网方式。

相对异频组网,同频组网最明显的优势在于可以采用较高的频谱效率来利用频率资源,但小区之间的干扰造成小区载干比环境恶化,使得LTE覆盖范围收缩,边缘用户速率下降,控制信令无法正确接收等。

对此,可采用ICIC、功率控制、波束赋形及IRC等措施,可以有效解决系统内同频干扰问题。另外,通过GPS跑偏检测工具以及网元设备操作维护管理平台(OMC),可对网元设备运行状态和告警进行实时监控,一旦网元运行出现异常,可第一时间通知操作维护人员进行排障,确保将网元故障引起的系统内干扰降到最低。

(2) 系统外干扰

对于系统外的干扰,一旦发现后,应该及时通知相关单位协调解决。在无法明确干扰源的情况下,在网络初期优化的过程中,可先逐个关闭受干扰基站附近1~2圈的站点,即逐个进行排查。外部干扰可以通过使用八木天线进行干扰排查工作;根据测试位置选取天线方向以及极化方向来进行干扰定位,其排查过程较长。

4. 均匀合理的基站负荷

调整基站的覆盖范围,合理控制基站的负荷,使其负荷尽量均匀。可以采用网络结构优化,如多层、多频网络使用策略,网络容量均衡策略等,合理控制系统负荷。

4.4.2　工程优化的流程

LTE 网络进行全网的工程优化时,在做好优化前准备工作的前提下,一般需要经过单站优化、簇优化、区域优化、边界优化及全网优化 5 个阶段,具体的实施流程如图 4.4.1 所示。

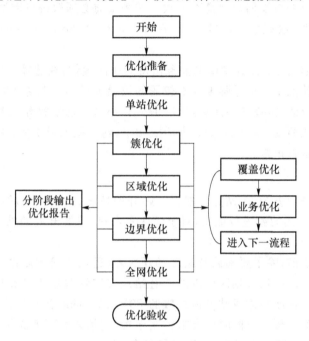

图 4.4.1　LTE 网络工程优化流程

1.　工作准备

工程优化工作开始前,需要做好如下准备。

① 基站信息表:包括基站名称、编号、MCC、MNC、TAC、经纬度、天线挂高、方位角、下倾角、发射功率、中心频点、系统带宽、PCI、ICIC、PRACH 等。

② 基站开通信息表、告警信息表。

③ 地图:网络覆盖区域的 MapInfo 电子地图。

④ 路测软件:包括软件及相应的许可证书。

⑤ 测试终端:和路测软件配套的测试终端。

⑥ 测试车辆:根据网络优化工作的具体安排,准备测试车辆。

⑦ 电源:提供车载电源或者 UPS 电源。

2.　单站优化

在单站优化开始前,首先针对需要优化区域的站点信息进行重点参数核查,确认小区配置参数与规划结果是否一致,如不一致需要及时提交站点开通人员进行修改。

站点开通时可以设置统一的开站模板。开站模板中涉及的一些参数由规划确定,各个站点的设置不一致,需要手动设置。重点参数包括频率、邻区、PCI、功率、切换/重选参数、PRACH 相关参数等。参数核查准确无误后,对于单站进行遍历覆盖测试,详细了解每个站点的覆盖情况,以及各扇区的系统性能,为后续簇优化做准备。

单站优化主要完成以下工作。

① 站点状态检查:首先需要准备待测区域多个基站或单个基站的小区清单,并确认这些待测小区状态正常。

② 配置数据检查:需要采集网络规划配置的数据以及基站数据库中配置的其他数据,并检查实际配置的数据与规划数据是否一致。在测试前必须取得待测站点各小区的站点位置、TA、UTRA 绝对无线频率信道号(UTRA Absolute Radio Frequency Channel Number,UARFCN)、PCI 等。

③ 测试站点选择:为了保证测试的业务由待测小区提供,在选择测试点时,选择目标小区信号强度较强且其他小区信号强度相对较弱的位置进行小区设备功能测试。

④ IDLE 模式验证:检查各小区频点、PCI、TA、小区重选参数等是否设置正确。

⑤ Connect 模式验证:检查 Attach 激活成功率、随机接入成功率、寻呼、切换、上传下载业务等指标和功能是否正常。

3. 簇优化

簇的大小一般是 20～30 个站点。根据基站开通情况,对于密集城区和一般城区,选择开通基站数量大于 80% 的簇进行优化,对于郊区和农村,只要开通的站点能够连成一条线,即可开始簇优化。

在开始簇优化之前,除了要确认基站已经开通外,还需要检查基站是否存在告警,确保优化的基站正常工作。一旦规划区域内的所有站点安装和验证工作完毕,簇优化工作随即开始。特殊情况下可在簇中建成站点占总数的 80% 以上的时候开始片区优化工作。

簇优化在优化信号覆盖的同时还要求控制干扰,包括邻区列表优化、PCI 优化。簇优化使得网络的路测、话务统计等指标满足关键性能指标(Key Performance Indicator,KPI)要求。

簇优化包括测试准备、数据采集、问题分析、调整实施 4 个部分,其中数据采集、问题分析、调整实施需要根据优化目标要求和实际优化现状反复进行,直至网络情况满足优化目标 KPI 要求为止。

正确采集数据是做好簇优化工作的前提,要重点关注网络中无线信号分布的优化,主要的采集数据手段是路测(Drive Test,DT)测试和室内测试。测试准备阶段首先确立优化 KPI 目标,其次合理划分簇区域、测试路线和测试方法,尤其是 KPI 测试验收路线,准备好片区优化所需的工具和资料,保证测试工作顺利进行。采集的数据主要为随后的问题分析阶段做准备。通过数据分析,发现网络中存在的问题,重点分析覆盖问题、无主导频问题和切换问题,并提出相应的调整措施。调整完毕后随即针对具体问题实施测试数据采集,如果测试结果不能满足目标 KPI 要求,则进行新一轮问题分析、调整,直至满足所有 KPI 需求为止。

由于信号覆盖、无主导频、邻区漏配等产生的其他问题,如下行干扰问题、接入问题和掉话问题,往往和地理位置相关,规律固定,随着 RF 优化工作的深入会有明显改善。至于信号覆盖良好且无邻区漏配等因素影响的接入、掉话等问题,需要在参数优化阶段解决。

4. 区域优化

在所划分区域内的各个簇优化工作结束后,进行整个区域的覆盖优化与业务优化工作。

优化的重点是簇边界以及一些盲点。优化的顺序是先覆盖优化,再业务优化,其流程和簇优化的流程完全相同。簇边界优化时,最好是相邻簇的人员组成一个网优小组对边界进行优化。在优化过程中,注意及时更新工程参数表和参数调整跟踪表,及时总结并写出调整前后的对比报告。

5. 边界优化

区域优化完成之后,开始进行区域边界优化。由相邻区域的网优工程师组成一个联合优化小组对边界进行覆盖优化和业务优化。当边界两边为不同厂家时,需要由两个厂家的工程师组成一个联合网优小组对边界进行覆盖优化和业务优化。覆盖优化和业务优化流程和簇优化流程完全相同。在优化过程中,注意及时更新工程参数表和参数调整跟踪表,及时总结并写出调整前后的对比报告。

6. 全网优化

全网优化即针对网络进行整体的网络 DT 测试,整体了解网络的覆盖及业务情况,并针对重点道路和重点区域进行覆盖优化和业务优化。覆盖优化和业务优化流程与簇优化流程完全相同。在优化过程中,注意及时更新工程参数表和参数调整跟踪表,及时总结并写出调整前后的对比报告。

4.5　网络优化思路及流程

通常我们提到的网络优化为新建站点从工程部门移交给运维部门后的日常优化,即所谓的运维优化。本节我们主要讲述网络优化的主要思路和流程方法,让大家对网络优化的主要思路和流程有一个整体的了解。实际的无线网络优化涉及的环节比较多,除了基站设备和天线,还有电源、传输、配套、物业等方方面面。网络优化其实是个很大的概念,实际去实施的时候,究竟要做些什么?出现问题应该从哪些方面入手?如何定位排查原因,找到最好的解决路径?本节将为大家逐一讲解。

4.5.1　网络优化思路

网络优化的目标是最大化提升用户感知,因此网络优化的思路必须是紧紧围绕用户感知来考虑和开展的。用户对网络有哪些需求,网络优化就应该想方设法去满足这些需求。普通的网络用户对网络基本的要求是能接入、可用,用得顺畅。能接入、可用对网络来说就是信号覆盖要好,用户需要有信号的地方都要有信号;用得顺畅就是网络容量充足而且信号质量要足够好,这样用户上网的速度才能快,才能体验流畅。因此网络问题优化的思路简单来说就是先保证覆盖,再保证容量和质量,先保证用户能接入网络并使用网络,再考虑如何逐步提升用户上网速度,改善用户体验。

当一个网络有问题出现的时候,我们首先要问一个问题:是否影响了用户使用感知,影响到什么程度。只要影响了用户使用感知,那这个问题就需要优先处理。如果导致用户完全无法上网,那这个问题应该是最紧急、最重要的,需要马上处理;如果只是部分用户上网体验下降,而且总体还在正常水平之内,那么这个问题的处理优先级可以延后。同样的道理,当我们要把有限的资源投入网络的建设和优化时,我们需要优先考虑那些还没有网络信号且无法接入的用户;然后考虑那些能接入但是因为信号弱或者容量不足导致上网体验非常差的用户;最后再考虑那些已经能正常使用网络,但是我们有办法能让他们上网速度更快、更流畅的用户。

综上所述,网络优化的思路就是以最大化提升用户感知为目标,在资源和客观条件都受限的情况下,优先把资源投入对网络用户感知提升最紧急、最需要的地方去。当这个优化思路明确之后,就可以快速地判断应该先从哪里入手开始优化,先解决哪些问题,怎么平衡资源,以及如何评估网络优化是否达到了预期的效果。网络优化面对的问题有可能错综复杂,不同人处理问题的方法也不尽相同,但只要目标和思路明确了,方法可以因地制宜,最终能解决问题的方法都是好的方法。

4.5.2 网络优化流程

网络优化的目标和思路都明确之后,那么当网络出现一个问题并需要对网络进行优化时,我们该怎么做呢?一般的流程是:先后台,再前台,最后将前、后台结合。

后台验证即通过后台的监控和查询,可以确定小区能否正常工作,对故障、参数、指标等进行常规排查。例如,有用户投诉上网很慢,首先后台通过电话与客户进行沟通,了解清楚具体情况,如投诉的时间与地点,手机有没有信号,在 4G 网络还是 2G 网络,是上某个网站慢还是都慢等;其次根据投诉的时间与地点,后台初步确定是由哪些站点和小区进行覆盖的;最后在后台监控并查询这些站点、小区是否可以正常服务,有无影响业务的告警,有无拥塞。如果后台能定位到问题,如覆盖用户的室内分布站点设备无法正常工作(即网络优化中常说的"倒站"),则可以直接安排维护人员进行处理;如果无法定位,则需要安排现场测试人员到前台进行测试验证。

前台测试验证主要是去到用户投诉的地点,按照用户的使用情况进行模拟操作,通过测试软件检查网络可能存在的问题,如是否存在干扰,是否切换不及时等。前台测试一般会使用前面提到的测试软件、扫频仪设备等,通过查看信号测试情况以及分析信令,可以定位到产生用户投诉的问题的原因,并推断涉及网络的相关问题在哪里,如何解决。

某些情况下,采用前台测试验证仍然无法定位问题,此时需要前、后台协作,共同查找问题原因。例如,后台对某些参数进行调整,前台进行验证排查,用排除法找出问题点,或者前、后台同步进行信令跟踪,核实终端和网络侧交互信息的准确性,进而定位并查找问题根源。

综上所述,要找到问题的根源,先在后台进行常规排查,如有必要再到网络现场中去,模拟用户的使用,然后通过多种手段探寻问题的原因和解决手段。无线网络错综复杂,现场实际环境又变幻莫测,所以网络优化的方法也是多种多样,如后台优化、前台优化,正向分析法、反向分析法、排除法等。不管采用何种方法,只要能快速解决问题,那就是好方法。好的方法是在实践中不断总结升华、不断验证提高得到的,因此,网络优化是循序渐进,不断自我总结、自我超越的过程。

4.6　后台分析与优化

4.6.1　常见后台指标

后台指标可以帮助我们快速了解网络的基本运行情况,分析网络存在的主要问题。常见的后台指标包括覆盖类指标、呼叫建立类指标、呼叫保持类指标、移动性管理类指标、质量类指标以及系统资源类指标等,每一类指标下面又有很多关联的指标细项,如呼叫建立类指标包括 RRC 连接建立成功率(业务相关)、E-RAB 建立成功率、无线接通率等指标细项,每个细项则是由相关的一些网管后台计数器(counter)组合计算而来的。

以 RRC 连接建立成功率为例,RRC 连接建立成功率指标为呼叫建立类指标,它反映 eNodeB 或者小区的 UE 接纳能力。RRC 连接建立成功意味着 UE 与网络建立了信令连接。RRC 连接建立可以分两种情况:一种是与业务相关的 RRC 连接建立;另一种是与业务无关(如紧急呼叫、系统间小区重选、注册等)的 RRC 连接建立。前者是衡量呼叫接通率的一个重要指标,后者可用于考察系统负荷情况。RRC 连接建立成功率(业务相关)用 RRC 连接建立成功次数和 RRC 连接建立尝试次数的比表示,对应的信令分别为:eNodeB 收到的 RRC CONNECTION SETUP COMPLETE 次数和 eNodeB 收到的 RRC CONNECTION REQ 次数。计算公式如下:

$$RRC 连接建立成功率(业务相关)=RRC 连接建立成功次数(业务相关)/RRC 连接建立尝试次数(业务相关)×100\%$$

以 S1 口切换成功率为例,其表示当 eNodeB 根据 UE 测量上报决定 UE 要切换,且目标小区与 eNodeB 无 X2 口连接时,就进行通过核心网的 S1 口切换。S1 口切换成功率反映了 eNodeB 与其他 eNodeB 通过核心网参与的 UE 切换成功情况,与系统切换处理能力和网络规划有关,是用户直接感受较为重要的指标之一。S1 口切换包含同频切换和异频切换两种情况,对于每种情况,需要统计切换出和切换入两个指标。

(1) S1 口同频切换

$$S1 口同频切换成功率(小区切换出)=S1 口同频切换出成功次数/S1 口同频切换出尝试次数(本小区)×100\%$$

$$S1 口同频切换成功率(小区切换入)=S1 口同频切换入成功次数(本小区)/S1 口同频切换入尝试次数×100\%$$

(2) S1 口异频切换

$$S1 口异频切换成功率(小区切换出)=S1 口异频切换出成功次数/S1 口异频切换出尝试次数(本小区)×100\%$$

$$S1 口异频切换成功率(小区切换入)=S1 口异频切换入成功次数(本小区)/S1 口异频切换入尝试次数×100\%$$

表 4.6.1 总结了在网络优化中常见的后台指标。

表 4.6.1　常见后台指标

指标分类	指标项	指标说明
覆盖类指标	RSRP	RSRP 定义为承载小区参考信号 RE 上的线性平均功率。RSRP 是一个表示接收信号强度的绝对值,在一定程度上可反映移动台距离基站的远近,可度量小区覆盖范围大小。RSRP 是衡量系统无线网络覆盖率的重要指标
	RSRQ	RSRQ 定义为小区参考信号功率相对小区所有信号功率(RSSI)的比值。对于 LTE 系统来说,当系统覆盖范围、用户数、边缘速率等网络要求确定后,我们基于链路预算和业务模型设定的小区参考信号 EPRE 就为一个常数,其他信道功率基于此值设定。所以,获得参考信号 RSRQ,一定程度上就可以确定小区其他信道的 SNR
	MR 覆盖率	反映了网络的可用性: $$F=(P_{RSRP}{\geqslant}R \text{ 且 } Q_{RSRQ}{\geqslant}S)$$ 其中,P_{RSRP} 表示下行导频信号接收功率,Q_{RSRQ} 表示接收导频信号的信号质量,R 和 S 是 P_{RSRP} 和 Q_{RSRQ} 在计算中的阈值。如果 $P_{RSRP}{\geqslant}R$ 和 $Q_{RSRQ}{\geqslant}S$ 都满足,则 F 取值 1;若有一个不满足或都不满足,则 F 取值 0。计算之前首先排除测试中的异常点,异常点指的是 P_{RSRP} 或 Q_{RSRQ} 的取值远远超出正常范围之外 该公式表示如果某一区域接收信号功率超过某一门限,同时信号质量超过某一门限,则该区域被覆盖 覆盖率定义为 F 取值为 1 的测试点在测试区所有测试点中占的百分比
呼叫建立类指标	RRC 连接建立成功率(业务相关)	反映 eNodeB 或者小区的 UE 接纳能力,RRC 连接建立成功意味着 UE 与网络建立了信令连接。RRC 连接建立成功率(业务相关)是衡量呼叫接通率的一个重要指标 计算公式: RRC 连接建立成功率(业务相关)=RRC 连接建立成功次数(业务相关)/RRC 连接建立尝试次数(业务相关)×100%
	E-RAB 建立成功率	E-RAB 建立成功指 eNodeB 成功为 UE 分配了用户平面的连接,反映 eNodeB 或小区接纳业务的能力,可用于考虑系统负荷情况 计算公式: E-RAB 建立成功率=(Attach(附着)过程 E-RAB 建立成功数目+Service Request(业务请求)过程 E-RAB 建立成功数目+承载建立过程 E-RAB 建立成功数目)/(Attach 过程 E-RAB 请求建立数目+Service Request 过程 E-RAB 请求建立数目+承载建立过程 E-RAB 请求建立数目)×100%
	无线接通率	反映小区对 UE 呼叫的接纳能力,直接影响用户对网络使用的感受 通常一个呼叫建立首先需要触发 RRC 建立,所以综合考虑接通率,需要把 RRC 连接建立成功率和 E-RAB 建立成功率联合起来 计算公式: 无线接通率=E-RAB 建立成功率×RRC 连接建立成功率(业务相关)×100%

续 表

指标分类	指标项	指标说明
呼叫保持类指标	RRC 连接异常掉话率	对处于 RRC 连接状态的用户,存在由于 eNodeB 异常释放 UE RRC 连接的情况,这种概率表示基站 RRC 连接保持性能,在一定程度上反映了用户对网络的感受 计算公式: RRC 连接异常掉话率=异常原因导致的 RRC 连接释放次数/(RRC 连接建立成功次数+RRC 连接重建立成功次数)×100%
	E-RAB 掉话率	反映系统的通信保持能力,是用户直接感受的重要性能指标之一 eNodeB 由于某些异常原因会向 CN 发起 E-RAB 释放请求,请求释放一个或多个无线接入承载(E-RAB)。当出现 UE 丢失、不激活或者 eNodeB 异常时,eNodeB 会向 CN 发起 UE 上下文释放请求,这导致释放 UE 已建立的所有 E-RAB 计算公式: E-RAB 掉话率=(因异常原因 eNodeB 请求释放的 E-RAB 数目 + 因异常原因 eNodeB 请求释放 UE 上下文中包含的 E-RAB 数目)/ E-RAB 建立成功数目×100%
移动性管理类指标	eNodeB 内切换成功率	反映了 eNodeB 内小区间切换的成功情况,保证用户在移动过程中使用业务的连续性,与系统切换处理能力和网络规划有关,用户可以直接感受到 eNodeB 内切换包含同频和异频两种情况,需要分别统计。 计算公式: eNodeB 内同频切换成功率=eNodeB 内同频切换成功次数/eNodeB 内同频切换请求次数×100% eNodeB 内异频切换成功率=eNodeB 内异频切换成功次数/eNodeB 内异频切换请求次数×100%
	S1 口切换成功率	当 eNodeB 根据 UE 测量上报决定 UE 要切换,且目标小区与 eNodeB 无 X2 口连接时,就进行通过核心网的 S1 口切换。S1 口切换成功率反映了 eNodeB 与其他 eNodeB 通过核心网参与的 UE 切换成功情况,与系统切换处理能力和网络规划有关,是反映用户直接感受较为重要的指标之一 S1 口切换包含同频切换和异频切换两种情况,对于每种情况,需要统计切换出和切换入两个指标 1. S1 口同频切换 S1 口同频切换成功率(小区切换出)=S1 口同频切换出成功次数/S1 口同频切换出尝试次数(本小区)×100% S1 口同频切换成功率(小区切换入)=S1 口同频切换入成功次数(本小区)/S1 口同频切换入尝试次数×100% 2. S1 口异频切换 S1 口异频切换成功率(小区切换出)=S1 口异频切换出成功次数/S1 口异频切换出尝试次数(本小区)×100% S1 口异频切换成功率(小区切换入)=S1 口异频切换入成功次数(本小区)/S1 口异频切换入尝试次数×100%
	系统间切换成功率	反映了 LTE 系统与异系统之间切换的成功情况,对于网规网优有重要的参考价值,是反映用户直接感受的性能指标。表征了无线系统网络间切换的稳定性和可靠性,也在一定程度上反映出 LTE/异系统组网的无线覆盖情况 系统间切换针对 LTE 网络来说分为切换出成功率和切换入成功率 计算公式: 系统间小区切换出成功率 LTE→异系统=1−(LTE→异系统系统间小区切换出失败次数/LTE→异系统系统间小区切换出准备次数×100%) 系统间小区切换入成功率异系统→LTE=1−(异系统→LTE 系统间小区切换入失败次数/异系统→LTE 系统间小区切换入准备次数×100%) 注:"→"表示"切换到"

指标分类	指标项	指标说明
质量类指标	上行误块率	PUSCH 误块率是反映无线接口信号传输质量的重要指标,是进行很多无线资源管理控制的依据,影响着系统的切换、功控、接纳等方面的性能。该指标体现了网络覆盖情况,还体现了组网干扰状况,是网络规划质量和相关算法质量的一个间接反映指标 统计周期内收到的上行传输块 CRC 出错的比例 计算公式: 上行误块率=(收到的上行传输块 CRC 错误个数/收到的上行传输块总数)×100%
	下行误块率	PDSCH 误块率是反映无线接口信号传输质量的重要指标,是进行很多无线资源管理控制的依据,影响着系统的切换、功控、接纳等方面的性能。该指标体现了网络覆盖情况,还体现了组网干扰状况,是一个间接反映网络规划质量和相关算法质量的指标 统计周期内收到的下行传输块 CRC 出错的比例 计算公式: 下行误块率=(收到的下行传输块 CRC 错误个数/收到的下行传输块总数)×100%
系统资源类指标	上行 PRB 利用率	该指标是统计周期内 eNodeB 小区上行 PUSCH 实际使用 PRB 数量与小区上行物理信道可用的 PRB 数量的比值,反映系统无线资源利用情况,是系统扩容和算法优化的主要依据 计算公式: PUSCH 平均利用率=上行 PUSCH 平均使用 PRB 资源数量/上行可用 PRB 数量×100% 以 1 s 为采样周期,采样当前上行业务信息 PRB 使用数量,在统计周期结束时根据采样值计算上行 PRB 的平均值
	下行 PRB 利用率	统计周期内 eNodeB 小区下行业务信息实际使用 PRB 数量与小区下行 PDSCH 可用的 PRB 数量的比值,反映系统无线资源利用情况,是系统扩容和算法优化的主要依据 计算公式: PDSCH PRB 平均利用率=下行 PDSCH 实际平均使用 PRB 资源数量/下行可用 PRB 数量×100% 即 PDSCH PRB 平均利用率等于统计周期内所有 TTI PDSCH PRB 利用率平均值
	处理器平均负荷	反映设备负荷情况,为设备是否需要扩容提供依据 计算公式: 处理器平均负荷=平均负荷
	上行总流量	负荷情况,在一定程度上表示网络负荷情况以及系统处理能力 计算公式: 上行总流量=RRC 层接收的数据速率
	下行总流量	负荷情况,在一定程度上表示网络负荷情况以及系统处理能力 计算公式: 下行总流量=RRC 层发送的数据速率

　　网络中涉及的各项后台指标非常多,这里只列出了其中常用的一部分指标。通常我们会优先关注跟日常网络优化关联度比较高的指标项,抓大放小,先从主要问题入手。当分析具体问题,需要了解更细节的一些指标项目时,再根据具体情况获取相关的指标信息并进行分析处理。而熟悉各项指标最好的方法就是先熟悉信令流程,如何附着,如何发起业务,如何切换等(详见"2.6 物理过程"),然后根据信令流程确定哪些指标数据可以协助分析问题,再去网管系统里面查询相关的数据。

4.6.2 后台分析与优化的思路及方法

后台分析是指根据后台已经掌握的网络信息数据,对网络问题点进行分析、定位、优化,而无须亲自到达网络问题点现场进行前台处理。后台分析的数据包括前期已经掌握的网络基础信息(如站点物理分布、天线挂高、下倾角、现场照片等),以及从网管系统查询到的网络运行数据(包括站点状态、小区参数以及性能指标等)。

网络基础信息一般通过内部信息化系统或者表格进行保存并定期更新,基础数据的准确性直接影响问题定位的效率,因此必须有一套完善的机制保障网络基础信息数据准确。在对网络进行一些操作的时候,要求及时更新网络基础信息,如新增或拆除站点,对天线进行优化调整等。

通过网管系统,我们可以获取网络中各个网络单元的运行状态,了解网络单元各种参数的配置情况,并获取网络运行过程的各项性能指标。这些数据可以帮助我们快速了解该网络单元的详细运行情况,结合已经掌握的网络基础信息,可以分析出网络存在的问题并找到解决方案。同时,如果确定可通过后台操作调整的内容(如修改参数、调整功率),可以快速实施并获取调整后的运行状态,验证调整效果。

后台分析与优化的一般思路,先排除故障、再核查参数配置,最后分步优化,由主到次,由内到外,逐步分析排查。下面以 TD-LTE 系统 D 频/F 频点共址站点容量不均衡小区优化的思路来具体讲解一下。优化思路流程如图 4.6.1 所示。

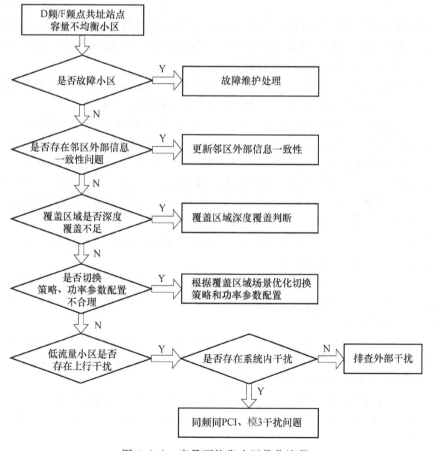

图 4.6.1 容量不均衡小区优化流程

① 排除故障,查询问题小区的故障信息,将有影响业务的故障小区推送给维护部门,让其进行处理。

② 信息一致性核查,即核查参数配置,检查跟容量不均衡相关的小区参数,这里主要是外部邻区影响较大,因此对邻区外部信息一致性进行核查,检查小区外部邻区参数配置是否正确,有问题要及时修正。

③ 针对问题点分步进行分析、排查,检查覆盖区域是否存在深度覆盖不足的问题,这里可以结合街景地图、站点的基础信息、查勘照片等信息进行分析。

④ 检查切换策略和功率参数配置是否合理,根据覆盖区域场景优化切换策略和功率参数配置。

⑤ 内部问题分析、排查完之后,如果还不能找到问题点,则需要对干扰情况进行分析,判断干扰来源并给出相应的处理方案。

后台分析与优化涉及的优化问题点很多,如参数配置问题、容量问题、干扰问题、性能指标提升问题等,各种问题的主要优化思路相近,需要平时多分析、多积累,形成一定的优化经验,这样面对新问题的时候可以从容淡定、按部就班地做好分析处理。此外,后台优化人员应该尽量多熟悉现场无线网络环境,这对于加快问题分析和处理有很大的帮助。

4.6.3 后台优化案例分析

本节我们以一个实际的优化分析案例来讲述如何一步步分析问题原因并找到解决方案。

某地级市运营商收到用户投诉,用户反映在某区域手机信号满格,但经常出现来电无法正常接通,并收到服务台发来的未接电话短信提醒的情况。该区域尚未开通 VoLTE,用户手机采用 CSFB 方式并下沉到 2G 进行通话。

接到用户投诉之后,运营商首先根据用户提供的投诉地址,后台确定主要覆盖该区域的站点。网管后台进行核查,发现站点并无故障告警,设备运行正常。

图 4.6.2 为被叫 CSFB 的主要流程,根据这个我们需要检查与 CSFB 相关的各种参数设置是否准确。首先对小区进行邻区配置核查:4G 小区是否配置了重定向的 2G 小区 ,4G 到 2G/3G 的邻区配置是否正确;4G 应配置同站 2G 小区为邻区,同时添加该 2G 小区的所有 2G/3G 邻区。然后对问题区域的小区进行参数核查:eNodeB 是否开启 CSFB 功能;核查站点功率设定是否满足规范要求;核实小区数据设定是否符合要求,主要包括端口数、收发模式与设备特性、射频规划方式是否一致;核查共址站点 LAC(位置区码)及 TAC(跟踪区码)是否一致;分析测量报告(Measurement Report,MR)数据 RSRP 及上行干扰数据,并判断是否存在弱覆盖导致的寻呼黑洞。

经后台排查之后,并未发现明显问题,因此安排了前台现场测试人员到投诉点一带进行测试。测试人员发现在占用某个宏基站 F 频的第二小区时,手机经常出现被叫无法接通的情况。测试截图如图 4.6.3 所示。

对信令进行分析,被叫失败是问题的重点,当确认主叫侧呼叫建立完成,但是却未呼通时,通常需要从被叫侧寻找原因,而被叫侧失败的原因往往较多,主要原因如下。

① 被叫侧未收到寻呼消息,导致未呼通。

② 被叫终端驻留在 4G 网络,此时正在进行 TAU(跟踪区更新)过程。

③ 被叫终端驻留在 3G 网络,此时正在进行 RAU(路由区更新)或者 LAU(位置区更新)过程。

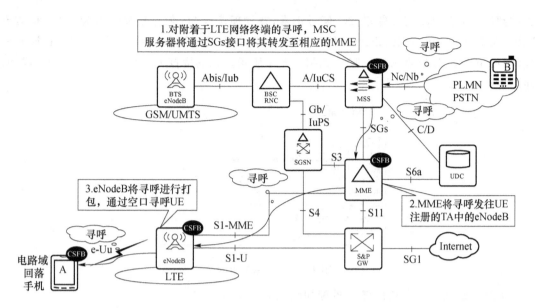

图 4.6.2　被叫 CSFB 流程示意图

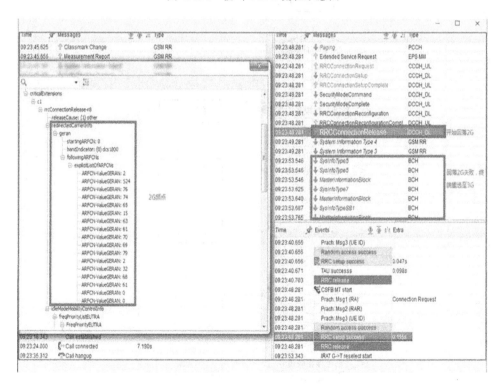

图 4.6.3　现场路测分析软件截图

④ 此时信道质量较差,寻呼丢在空口。

除去寻呼,被叫侧的 4G 关键信令是 RRC CONNECTION REQUEST、RRC CON-
NECTION SETUP COMPLETE 和 RRC CONNECTION RELEASE。4G 侧漏配 2G 频点
邻区会导致被叫失败,而 2G 频点就携带在 RRC CONNECTION RELEASE 信令中。现场

测试到该点附近 4G 信号良好,2G 信号正常,并发现该点 2G 信号最强频点为 519。但查看 RRC CONNECTION RELEASE 信令发现 4G 侧并未配置该频点邻区,导致 CSFB 被叫失败,添加 4G 至 2G 频点邻区(519),如图 4.6.4 所示。现场拨打 10 次,主被叫均 100% 成功,问题得到解决。

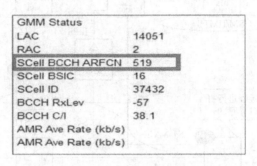

图 4.6.4　问题解决方案

上述问题优化与分析的流程梳理如图 4.6.5 所示。

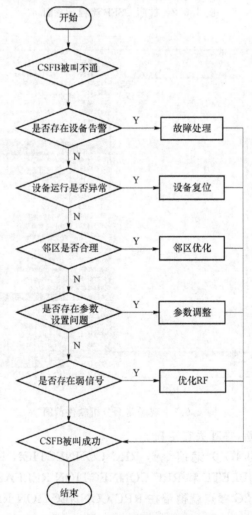

图 4.6.5　网络问题解决思路

从上面的优化案例可以看到,通过后台和前台的紧密配合,结合信令分析,最终找到了问题的原因。虽然最终的结果只是漏配了邻区的频点,但是从问题的处理过程中大家可以看到比较典型的网络优化的思路和方法。实际的网络优化之中,每天都要处理很多不同的问题,有些问题已经处理过,积累了一定的经验,就能快速定位这些问题。这个需要网络优化人员不断总结经验,不断学习并提升自己,熟悉信令流程,熟悉网络环境,这样在定位问题的时候就可以事半功倍。

4.7　前台网络问题分析与优化

4.7.1　前台常见网络问题

通过后台分析虽然能快速掌握网络运行情况,但是对于某些细节问题,或者单点问题,仍需要通过前台测试来进行测试验证和判断。此外,前台测试能最直接地模拟用户使用网络服务的操作,能快速定位问题并发现问题根源,特别是在解决单点问题时经常使用。前台常见的问题包括覆盖问题、干扰问题、容量问题等,其中以覆盖类问题为主,特别是涉及用户投诉的,大部分都是投诉网络覆盖不好。覆盖类问题产生的原因很多,除了周边没有站点、网络信号弱之外,还有信号太多无主覆盖,频繁切换或无法切换吊死,设备隐性故障,存在内部干扰,存在外部干扰等,这些都有可能导致覆盖问题,从而影响用户使用感知。此时,前台测试分析能协助我们准确了解网络实际状况,模拟用户的网络操作,观测信号情况以及用户操作信令情况。此外,到达现场还可以观测用户所处的无线环境,室内还是室外,有无高楼阻挡,有无设备或天线布放空间,物业敏感程度等,这些信息对后续问题的分析和优化策略的选择都非常重要。

4.7.2　前台分析与优化的思路及方法

前台测试优化的一般思路:先提前准备,然后现场定位,再前、后台结合。前台、测试要直达用户投诉现场,现场往往距离办公地点有一定的距离,来回都需要花费时间,因此必须在去现场之前做好各项准备工作,避免去到现场无从下手,或者遗漏工具和数据,白白浪费时间。一般的准备工作包括:了解要处理的问题概况,准备测试工具(特别是给笔记本式计算机和测试手机充好电)和基础数据,确定到达现场后的测试计划等。只有做好充分的准备和计划,才能在到达现场的时候快速反应,提高工作效率。

到达现场之后,根据之前的准备计划以及用户的问题描述,结合投诉点无线环境,使用测试工具和软件进行网络服务操作。通过观察网络状态以及信令流程,初步定位网络问题。当初步的前台测试无法定位问题时,可以跟后台优化人员进行配合,有针对性地进行前、后台操作及分析、排查。

1. DT 测试

在前台分析与优化中,DT 测试是数据采集的常用手段,通常也称为路测。根据实际需要采用扫频仪进行扫频测试,以净化信号、排除干扰。

(1) 车辆供电问题

测试时的笔记本式计算机、测试终端、扫频仪都需要供电。笔记本式计算机、手机可以用电池,但往往电池性能不能满足长时间测试的需求,因此推荐车辆供电方式,DT 测试车辆供电方案如图 4.7.1 所示。

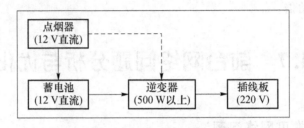

图 4.7.1　DT 测试车辆供电方案

汽车蓄电池、汽车点烟器是一般车辆都有的。12 V 直流电到 220 V 交流电逆变器需要购买,一般建议功率达到 500 W 以上,保证测试各种设备的同时供电正常,同时需要配备插线板,最好能有多个插口,包括两相和三相。这样笔记本式计算机、测试终端、扫频仪等都可以通过插线板充电。

(2) 软件准备

路测软件需要导入基站工程参数和电子地图。使用基站工程参数,在测试过程中可知道当时测试的位置处在哪几个小区中间,服务小区是否合理等。基站工程参数的基本内容有:基站名、小区名、小区 ID、小区经纬度、天线方位角、频点、PCI、小区邻区信息等。数据制作时需要严格参照测试软件导入模板的格式,数据制作完成后,在路测工具软件中导入基站工程参数即可使用。

路测工具软件需导入 MapInfo,该电子地图可通过购买、扫描纸件后选点校准或从其他数字地图转换等方式获取。

(3) 测试设备连接注意事项

在测试设备连接并安装完成后,要确认测试设备是否正常,如果开机后不能正常工作,一般进行如下检查:

- 确认测试设备是否正确加电,各个开关是否已经打开,各指示灯是否显示正常;
- 串口线和网口线是否接触良好,是否存在虚接、错接的现象;
- 串口是否连接到了指定 PC 的正确的串口位置;
- 确认 GPS 信息是否接收正常,如果接收不正常,则需确认与 GPS 设备的连接以及 GPS 天线放置的位置是否合理;
- 在操作系统里是否对该接口按要求进行了正确设置并选择相关选项;
- 测试软件的使用证书是否存在和有效。

(4) 测试中的注意事项

- 在测试之前要确保手机电量充足,尤其在进行 VP(视频通话)业务时,由于耗电量比较大,如果电量不足,可能会出现充电速度赶不上耗电速度的情况;

- 测试手机的数据线和便携机的连接是否牢固,在测试过程中注意不能用力拉扯,否则会造成接触不良,从而影响测试。测试手机必须设置在 USB 端口模式上。

（5）测试路线的选择

测试路线的选择需囊括该测试区域的所有场景,如高架桥、隧道、高速公路、密集城区街道等,对于双行道也要尽可能保证双方向都能涉及,避免出现遗留问题区域。在测试路线确定后,需要和客户沟通测试路线的合理性,确保测试路线中包含客户的关注点。

测试中需要确定一个固定的起点和终点,要尽量保持每次测试时行走方向以及路线的先后次序一致,一般建议测试车辆最大速度不要超过 60 km/h。为保证测试效果,在测试之前需与司机充分进行沟通,确保测试车辆能按照前期制订的测试路线行驶。

2. CQT 测试

呼叫质量拨打测试(Call Quality Test,CQT)指在固定的地点测试无线数据网络性能。多数情况下 CQT 在室内进行,主要针对室内覆盖区域(如楼内、商场、地铁等)、重点场所内部(如体育馆、政府机关等),以及运营商要求测试区域〔如非常重要客户(Very Important Client,VIC)、非常重要贵宾(Very Important Person,VIP)所在区域等〕等进行信号覆盖测试,以发现、分析和解决这些场所的无线信号问题;也可用于优化室内、户外同频、异频或者异系统之间的切换关系。

（1）测试点和时间的选择

市区内主要在写字楼、商厦、政府机关、运营商办公楼、营业厅、主要旅游景区等测试;对于低层建筑物建议每层都进行测试,注意窗口、走廊、楼梯口等处的测试;对于高层建筑物建议在低层、中层、高层各选 3 层进行测试。

一般测试时间选择非节假日,周一至周五每日 9:00—21:00。

（2）测试项目

Ping 测试:记录平均时延、最大时延。

FTP 下载测试:RRC 连接建立成功率(RRC establishment success rate)、RRC 连接异常掉话率(RRC abnormal release rate)、路径损耗(path loss)、覆盖(RSRP)、质量(RSRQ)、信噪比(SINR)、调制与编码策略(MCS)、秩指示(RI)、接收信号的强度指示(RSSI)、UE 发射功率(UE TxPower)、吞吐量、切换成功率。

FTP 上传测试:RRC 连接建立成功率、RRC 连接异常掉话率、path loss、RSRP、RSRQ、SINR、MCS、RSSI、UE TxPower、吞吐量、切换成功率。

高清流媒体业务测试:反馈业务良好、正常、差、无法连接。

Web 加载的业务类型测试(包括 HTTP、邮箱、YouTube 等):正常打开、无法打开。

4.7.3　前台网络问题优化案例分析

1. 掉话问题

某用户反馈在某公路立交段附近经常出现掉话,该地区已开通 VoLTE,用户使用 VoLTE 进行通话。后台分析投诉点周边小区服务正常,安排前台优化人员现场排查问题。优化人员到达现场后,模拟用户的网络操作,在立交桥附近进行路测,使用 VoLTE 方式进行通话。通过现场测试发现,终端在该立交段附近,车辆从南往北行驶时,主覆盖占用某大站 A 的 D 频一小区, RSRP 在 −90 dBm 左右, PCI 为 366, 而该大站的接续小区 B 站点 D 频二小区的 PCI 为 66, 两个小区存在模 3 干扰, SINR 减弱至 −16 dB 左右, 无线链路恶化, 导致未接通或者掉话。

优化案例测试截图如图 4.7.2 所示。

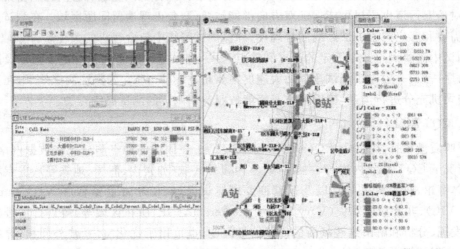

图 4.7.2 优化案例路测截图

优化案例 PCI 分布 MapInfo 截图如图 4.7.3 所示。

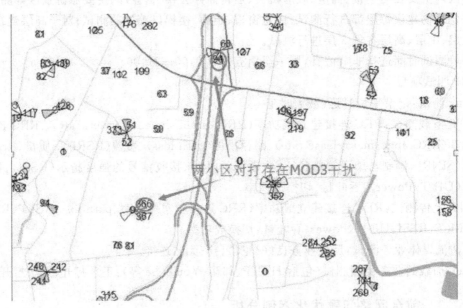

图 4.7.3 优化案例 PCI 分布 MapInfo 截图

找到问题所在之后, 通过对周边大站的 PCI 进行整体检查, 对问题小区的 PCI 进行修改, 该路段的 SINR 值得到明显增强, 掉话情况显著改善。

从本案例可以看到前台测试在模拟用户使用网络的过程中, 通过测试软件可以了解到网络实际的状态和信令交互流程, 在重现用户碰到的问题时, 可以定位在哪一步上出现了问题, 出现问题的时候网络信号、干扰、参数等是什么状态, 结合信令流程分析, 基本可以明确问题点。

2. 弱覆盖问题

DT 测试中,测试车辆沿某主要干道由东向西行驶,终端发起业务后占用 A 站点一小区 (PCI ＝132)进行业务,测试车辆继续向东行驶,行驶至柳林路口 RSRP 值降至－90 dBm 以下,出现弱覆盖区域。弱覆盖案例路测结果如图 4.7.4 所示。

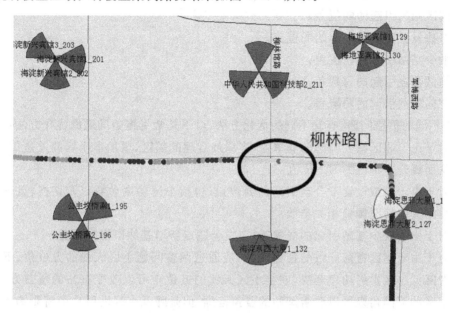

图 4.7.4　弱覆盖案例路测结果

观察该路段 RSRP 值的分布发现,柳林路口路段 RSRP 值分布较差,均值在－90 dBm 以下,主要由 A 站点一小区(PCI ＝132)覆盖。观察 A 站点距离该路段约 200 m,理论上可以对柳林路口进行有效覆盖。通过实地观察 A 站点天馈系统发现,A 站点一小区天线方位角为 120°,主要覆盖该干道柳林路口向南路段。建议调整其天线朝向以对柳林路口路段加强覆盖。

4.8　网络优化常见问题及优化方法

在实际的网络优化工作中,对于用户感受影响较大的问题包括覆盖问题、切换失败以及掉话等,在本节中,将总结网络优化常见的问题及其解决方法。

4.8.1　覆盖优化

手机在空闲(idle)状态进行覆盖测试,来优化 RSRP 的覆盖范围和 SINR 值,然后再进行拨打测试,可以达到事半功倍的效果。因为:一是 RSRP 值、SINR 值可利用小区公共参考信号计算得到,与 UE 是否进行业务传输无关,而没有下行传输时,计算得到的 RSSI 值为参考信号上的信号和干扰噪声功率的总和,则此时 SINR 值＝RSRP 值/(单 RE 的 RSSI

值－RSRP 值);二是在 RSRP 值和 SINR 值较差的地方,寻呼成功率、拨打成功率等也必然很差。当 RSRP 值和 SINR 值优化达到指标后,那么在对拨打状态进行优化时,就可以去除这方面的影响,可以专注于对切换、寻呼等参数的优化以及对设备故障的排查,达到事半功倍的效果。

常见的 RSRP 覆盖问题主要有如下几种情况:

- 邻区缺失引起的弱覆盖;
- 参数设置不合理引起的弱覆盖;
- 缺少基站引起的弱覆盖;
- 越区覆盖引起的弱覆盖;
- 背向覆盖引起的弱覆盖。

对于不同的覆盖问题,有着不同的优化方法,以下是常见覆盖问题的优化方法:

- 对于由于邻区缺失引起的弱覆盖,应添加合理的邻区,增加本小区的发送信号功率,从而提升本小区的 SINR 值;
- 对于由于参数设置不合理引起的弱覆盖(包括小区功率参数以及切换、重选参数),根据具体情况调整相关参数;
- 对于由于缺少基站引起的弱覆盖,应在合适点新增基站以提升覆盖;
- 对于由于越区覆盖导致的覆盖问题,应通过调整问题小区天线的方位角、下倾角或者降低小区发射功率解决,调整小区天线的方位角可以改变基站的覆盖方向,调整小区的下倾角则可以改善基站的覆盖范围,但是降低小区发射功率将影响小区覆盖范围内所有区域的覆盖情况,不建议用此方法解决越区覆盖问题;
- 对于背向覆盖,大部分是由于建筑物反射导致,此时合理调整方位角、下倾角,则可以有效避开建筑物的强反射。

4.8.2 切换优化

为了保证用户移动过程中同样可以使用移动业务,就必须使网络具备正确的切换。所以 LTE 网络是否能够正确切换是其关键之处。网络优化中解决切换问题是必不可少的一个环节。对网络中的切换问题需要仔细分析,定位问题的具体原因。

判断是否切换,通常以信令为判断依据,在终端侧,以发出触发切换的测量报告为开始,以接收切换完成消息为结束。切换成功时,UE 侧的表现为 UE 从源小区到一个新小区(PCI 发生变化)进行了正常的业务交互。

常见的切换问题有以下 3 种。

(1)测量报告丢失

UE 侧发出测量报告后,没有收到切换命令,如图 4.8.1 所示。

(2)切换命令丢失

UE 侧发出测量报告后,eNodeB 收到测量报告,并下发切换命令,但 UE 侧没有收到。

UE 侧看到的现象与切换测量报告丢失一样;从 eNodeB 侧看,则是收到测量报告下发的切换命令后,在目标小区没有收到切换完成消息,如图 4.8.2 所示。

MS1	MS->eNodeB	MeasurementReport
MS1	MS->eNodeB	MeasurementReport
MS1	MS->eNodeB	MeasurementReport
MS1	MS->eNodeB	MeasurementReport
MS1	eNodeB->MS	MasterInformationBlock
MS1	eNodeB->MS	SystemInformationBlockType1
MS1	eNodeB->MS	SystemInformationBlockType1
MS1	eNodeB->MS	SystemInformation
MS1	MS->eNodeB	TrackingAreaUpdateRequest
MS1	MS->eNodeB	RRCConnectionReestablishmentRequest
MS1	eNodeB->MS	RRCConnectionReestablishmentReject
MS1	MS->eNodeB	TrackingAreaUpdateRequest
MS1	eNodeB->MS	MasterInformationBlock

(a)　UE侧信令

标准接口消息类型	消息方向	本地小区ID
RRC_CONN_REQ	RECEIVE	0
RRC_CONN_SETUP	SEND	0
RRC_CONN_SETUP_CMP	RECEIVE	0
RRC_SECUR_MODE_CMD	SEND	0
RRC_SECUR_MODE_CMP	RECEIVE	0
RRC_CONN_RECFG	SEND	0
RRC_CONN_RECFG_CMP	RECEIVE	0
RRC_CONN_RECFG	SEND	0
RRC_CONN_RECFG_CMP	RECEIVE	0
RRC_CONN_RECFG	SEND	0
RRC_CONN_RECFG_CMP	RECEIVE	0
RRC_CONN_REESTAB_REQ	RECEIVE	0

(b)　eNodeB侧信令

图 4.8.1　测量报告丢失

MS1	MS->eNodeB	MeasurementReport
MS1	MS->eNodeB	MeasurementReport
MS1	MS->eNodeB	MeasurementReport
MS1	MS->eNodeB	MeasurementReport
MS1	eNodeB->MS	MasterInformationBlock
MS1	eNodeB->MS	SystemInformationBlockType1
MS1	eNodeB->MS	SystemInformationBlockType1
MS1	eNodeB->MS	SystemInformation
MS1	MS->eNodeB	TrackingAreaUpdateRequest
MS1	MS->eNodeB	RRCConnectionReestablishmentRequest
MS1	eNodeB->MS	RRCConnectionReestablishmentReject
MS1	MS->eNodeB	TrackingAreaUpdateRequest
MS1	eNodeB->MS	MasterInformationBlock

(a) UE侧信令

序号	生成时间	标准接口消息类型	消息方向	本地小区ID
31	2010-06-02 04:07:31(1114761)	RRC_CONN_REQ	RECEIVE	0
32	2010-06-02 04:07:31(1119594)	RRC_CONN_SETUP	SEND	0
33	2010-06-02 04:07:31(1135320)	RRC_CONN_SETUP_CMP	RECEIVE	0
34	2010-06-02 04:07:31(1141758)	RRC_SECUR_MODE_CMD	SEND	0
35	2010-06-02 04:07:31(1154280)	RRC_SECUR_MODE_CMP	RECEIVE	0
36	2010-06-02 04:07:31(1159325)	RRC_CONN_RECFG	SEND	0
37	2010-06-02 04:07:31(1174386)	RRC_CONN_RECFG_CMP	RECEIVE	0
38	2010-06-02 04:07:31(1177581)	RRC_CONN_RECFG	SEND	0
39	2010-06-02 04:07:31(1191523)	RRC_CONN_RECFG_CMP	RECEIVE	0
40	2010-06-02 04:07:33(2687283)	RRC_CONN_RECFG	SEND	0
41	2010-06-02 04:07:33(2700269)	RRC_CONN_RECFG_CMP	RECEIVE	0
42	2010-06-02 04:07:34(4089188)	RRC_MEAS_RPRT	RECEIVE	0
43	2010-06-02 04:07:34(4092106)	RRC_MEAS_RPRT	RECEIVE	0
44	2010-06-02 04:07:34(4110200)	RRC_CONN_RECFG	SEND	0
45	2010-06-02 04:07:37(6429908)	RRC_CONN_REESTAB_REQ	RECEIVE	0

(b) eNodeB侧信令

图 4.8.2　切换命令丢失

147

（3）目标小区接入失败

UE 侧发出测量报告后，eNodeB 收到测量报告，并下发切换命令，UE 收到切换命令后，在目标小区发起接入，但目标侧没有收到切换完成消息，如图 4.8.3 所示。

1081	2011-04-06 11:56:05(7799247)	RRC_MEAS_RPRT	RECEIVE	0	1794	1026905809
1082	2011-04-06 11:56:05(7820475)	RRC_CONN_RECFG	SEND	0	1794	1026905809
1083	2011-04-06 11:56:15(7637348)	RRC_PAGING	SEND	1	7	
1084	2011-04-06 11:56:15(7637424)	RRC_PAGING	SEND	0	7	
1085	2011-04-06 11:56:15(7637455)	RRC_PAGING	SEND	2	7	
1086	2011-04-06 11:56:16(8277347)	RRC_PAGING	SEND	2	7	
1087	2011-04-06 11:56:16(8277423)	RRC_PAGING	SEND	1	7	
1088	2011-04-06 11:56:16(8277456)	RRC_PAGING	SEND	0	7	

(a) 源 eNodeB 侧信令

MS1	MS->eNodeB	MeasurementReport
MS1	eNodeB->MS	RRCConnectionReconfiguration
MS1	MS->eNodeB	RRCConnectionReconfigurationComplete
MS1	eNodeB->MS	MasterInformationBlock
MS1	eNodeB->MS	SystemInformationBlockType1
MS1	eNodeB->MS	SystemInformationBlockType1
MS1	eNodeB->MS	SystemInformation
MS1	MS->eNodeB	RRCConnectionReestablishmentRequest
MS1	eNodeB->MS	RRCConnectionReestablishmentReject

(b) UE 侧信令

序号	生成时间	标准接口消息类型	消息方向	本地小区 ID

(c) 目标 eNodeB 侧信令

图 4.8.3　目标小区接入失败

针对切换问题，可以采取以下解决方案。

1. 设备状态检查

① 查询基站、小区告警，保证没有与切换相关的严重告警（如 X2 配置链路断开、RRU 告警等）。

② 检查测试终端是否能正常使用，是否支持异频、异系统重选、切换功能。

2. 参数核查

① 确认切换开关状态。

② 确认邻区配置、邻区关系、X2 接口配置、传输配置。

③ 确认切换参数，如切换门限、幅度迟滞、时间迟滞等。当邻区无线质量满足切换门限时，服务小区的 RSRP 值突然陡降导致切换失败，这种情况可以通过修改服务小区与邻区的偏置（cell individual offset）来提前切换，或者修改服务小区的延迟触发时间（IntraFreqHoA3TimeToTrig）来提前切换。

④ 确认是否存在 PCI 冲突告警。

3. 邻区漏配检查

检查地理位置、网络规划角度,确认是否存在邻区漏配,并实施相应操作。需要将网络侧的 UU 口跟踪和终端侧的 Uu 口跟踪结合起来进行判断。

① 网络侧:同一用户(Call ID)连续上报测量报告但没有下发切换命令,检查 X2 口或 S1 口跟踪,它们中分别没有 HANDOVER REQUEST 及 S1AP_HANDOVER_RE-QUIRED,则很可能是漏配的小区(通过查询配置确认)。

② 终端侧:随着 UE 的移动服务小区 RSRP 越来越差,SINR 越来越差,而邻区 RSRP 越来越好,上报测量报告,没有收到切换命令。

4. 覆盖问题检查

弱覆盖或者干扰问题可能会造成切换失败。

(1) 弱覆盖

弱覆盖导致的切换失败:从终端侧判断,当邻区无线质量满足切换门限时,服务小区和邻区的 RSRP 都十分弱;从网络侧判断,从网络侧跟踪的 Uu 口消息中,触发切换的 A3 测量报告记录的源小区、目标小区 RSRP 值都很低,当测量报告中携带的服务小区 RSRP 值小于−110 dBm 时,可以认为用户处于信号质量微弱的区域,此时容易出现切换失败,需要调整覆盖,如图 4.8.4 所示。

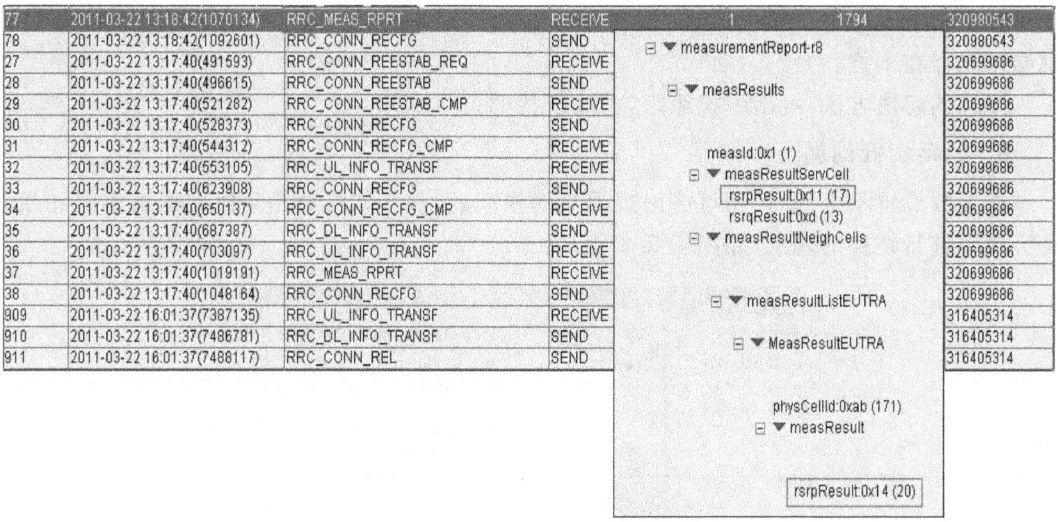

图 4.8.4　弱覆盖状态下的测量报告消息

在 UE 侧信令表现为收到切换命令时,则发出切换完成消息,即发起 RRC 重建,或者表现为收不到切换命令。eNodeB 侧表现为下发切换命令后收不到切换完成消息,或者连测量报告也收不到,如图 4.8.5 所示。

弱覆盖解决方法包括调整天线方向角、下倾角。当下行先受限时,可以通过调整天线(如减小下倾角)补充远点的下行覆盖;当上行先受限时,可以通过增加塔放、小区(基站或接远 RRU)的方式增强上行覆盖(详见"4.8.1 覆盖优化")。

MS1	MS->eNodeB	MeasurementReport
MS1	MS->eNodeB	MeasurementReport
MS1	MS->eNodeB	MeasurementReport
MS1	MS->eNodeB	MeasurementReport
MS1	MS->eNodeB	MeasurementReport
MS1	MS->eNodeB	MeasurementReport
MS1	MS->eNodeB	MeasurementReport
MS1	eNodeB->MS	MasterInformationBlock
MS1	eNodeB->MS	SystemInformationBlockType1
MS1	eNodeB->MS	SystemInformationBlockType1
MS1	eNodeB->MS	SystemInformation
MS1	MS->eNodeB	TrackingAreaUpdateRequest
MS1	MS->eNodeB	RRCConnectionReestablishmentRequest
MS1	eNodeB->MS	RRCConnectionReestablishmentReject
MS1	MS->eNodeB	TrackingAreaUpdateRequest
MS1	eNodeB->MS	MasterInformationBlock
MS1	eNodeB->MS	SystemInformationBlockType1
MS1	eNodeB->MS	SystemInformationBlockType1

(a) UE侧

序号	标准接口消息类型	消息方向
31	RRC_CONN_REQ	RECEIVE
32	RRC_CONN_SETUP	SEND
33	RRC_CONN_SETUP_CMP	RECEIVE
34	RRC_SECUR_MODE_CMD	SEND
35	RRC_SECUR_MODE_CMP	RECEIVE
36	RRC_CONN_RECFG	SEND
37	RRC_CONN_RECFG_CMP	RECEIVE
38	RRC_CONN_RECFG	SEND
39	RRC_CONN_RECFG_CMP	RECEIVE
40	RRC_CONN_RECFG	SEND
41	RRC_CONN_RECFG_CMP	RECEIVE
42	RRC_MEAS_RPRT	RECEIVE
43	RRC_CONN_RECFG	SEND

(b) eNodeB侧

图 4.8.5　弱覆盖引起的切换失败

（2）干扰问题

在 RSRP 比较好的情况下，出现吞吐率不如预期，切换失败，甚至掉话等多种现象，则说明可能存在干扰。

干扰的解决方法：找出干扰原因，去除干扰源。

5．乒乓切换问题

在参数设置不合理时，还可能出现乒乓切换问题，乒乓切换就是手机在服务小区和相邻小区来回进行切换的现象，如图 4.8.6 所示。

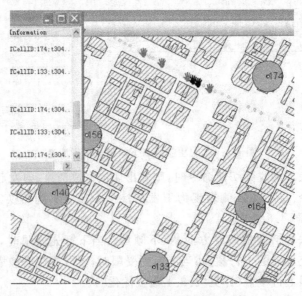

图 4.8.6　乒乓切换问题

乒乓切换情况下的路测数据如表 4.8.1 所示。

表 4.8.1　乒乓切换情况下的乒乓区域 RSRP 相对值

测试时间	RSRP 偏移值/dB	切换目标小区(handover target cell)
10:50:04	3	PCI133
10:50:06	4	PCI174
10:50:07	2	PCI133
10:50:08	3	PCI174

为防止乒乓切换产生,可采用以下解决方法:相对调整两小区的小区个性偏移(CIO)值,抵制乒乓切换;当前默认使用的同频切换门限为 2 dB,从表 4.8.1 的乒乓区域 RSRP 相对值来看,最大 RSRP 值差距为 4 dB,所以设置 CIO 为 −3 dB,可以防止乒乓切换。

4.8.3　掉话优化

目前的掉话原因大致可以分为以下 4 类。

(1) 弱覆盖导致掉话

弱覆盖引起掉话在建网初期占相对大的比重,天线系统安装是按照规划设计数据进行的,但是规划设计数据因为覆盖环境变化或者站址位置偏移,往往规划角度与实际角度存在差异,导致部分区域存在弱覆盖(RSRP 值小于 −110 dBm),如小区边缘等区域,会使得该区域的用户业务受到影响,严重的会导致掉话。

(2) 切换问题导致掉话

由于 LTE 网络存在自干扰现象,因此当存在多个小区时,对于中心用户来说,应该是 RSRP 值越高越好,但是对于切换带的用户来说,并不是该小区的 RSRP 值越高越好,若本小区的 RSRP 值很高,就会对邻小区的切换带用户产生干扰,使邻小区用户的 SINR 值急剧恶化,出现切换失败,从而导致掉话。

(3) 干扰导致掉话

当小区之间的干扰造成小区载干比环境恶化时,LTE 的覆盖范围将会收缩,边缘用户速率下降,控制信令无法正确接收,从而导致掉话。

(4) 设备异常导致掉话

当基站设备发生异常时,例如,TD-LTE 基站的 GPS 处于失步状态,可能会造成掉话;天馈严重驻波比告警(驻波比值＞3),也可能导致掉话。

掉话问题的优化步骤如下。

(1) 数据采集

通过 DT 测试,采集长呼、短呼等各种路测数据,采集 eNodeB 侧数据跟踪、日志等数据。

(2) 获取掉话的相关信息

采用路测软件获取掉话的时间和地点、掉话前后采集的 RSRP 和 SINR 数据、掉话前后服务小区和邻小区的信息,以及掉话前后的信令信息。

（3）数据分析

根据获得的数据进行分析,将掉话问题划分为切换掉话问题、覆盖掉话问题、干扰掉话问题、设备原因掉话问题及其他掉话问题。针对具体的掉话类型进行分析,提出相应的解决方案。

（4）实施优化方案

通过问题分析与定位,制订和实施优化方案。优化方案主要包括天线参数调整、网络侧数据配置调整。天线参数调整应优先考虑天线方向角与下倾角的调整,再考虑发射功率的调整。

（5）验证优化效果

通过重新进行测试,比较优化前后各项性能指标的改善情况,验证优化效果。

习题与思考

1. 简述网络优化的目标。

2. 简述常见的无线网络覆盖方式。

3. 简述工程优化的主要工作流程。

4. 简述网络优化的工作思路。

5. 简述网络优化的工作流程

6. 简述在网络优化工作中,常用的后台指标类型。

7. 在网络优化后台分析中,常用的呼叫建立类指标有哪些？并思考各指标的用途。

8. 简述后台分析优化的思路。

9. 简述在网络优化工作中,网管数据分析的作用。

10. 对于 LTE 网络,可能存在的覆盖类问题有哪些？

11. 简述前台测试优化的一般思路,以及在前台测试优化中应该注意的问题。

12. 思考常见覆盖问题的优化方法。

13. 如何解决因邻区漏配导致的切换失败问题？

14. 如何解决网络掉话问题？

第5章 第五代移动通信

【本章内容简介】

本章主要介绍 5G 的概念、技术场景以及相应的关键技术。

【本章重点难点】

5G 性能指标要求、5G 关键技术。

5.1 5G 的概念

2020 年以后,移动互联网和物联网业务将成为移动通信发展的主要驱动力。5G 作为未来的第五代移动通信系统需要满足人们在居住、工作、休闲和交通等各种区域的多样化业务需求,即便在密集住宅区、办公室、体育场、露天集会点、地铁、快速路、高铁和广域覆盖区域等具有超高流量密度、超高连接数密度、超高移动性特征的场景,也能为用户提供超清视频、虚拟现实、增强现实、云桌面、在线游戏等极致业务体验。同时 5G 也需要满足将移动互联网渗透到物联网及各种行业领域中,与工业设施、医疗仪器、交通工具等深度融合,有效满足工业、医疗、交通等垂直行业的多样化业务需求,实现真正的"万物互联"。

5G 将具有以下特点。

① 在推进技术变革的同时将更加注重用户体验,网络平均吞吐率、传输时延以及对虚拟现实、3D、交互式游戏等新兴移动业务的支撑能力等将成为衡量下一代移动通信系统性能的关键指标。

② 与传统的移动通信系统理念不同,下一代移动通信系统研究将不仅仅把点到点的物理层传输与信道编译码等经典技术作为核心目标,而且将更为广泛的多点、多用户、多天线、多小区协作组网作为突破的重点,力求在体系架构上寻求系统性能的大幅度提高。

③ 室内移动通信业务已占据应用的主导地位,下一代移动通信系统室内无线覆盖性能及业务支撑能力将作为系统优先设计目标,从而改变传统移动通信系统"以大范围覆盖为主,兼顾室内"的设计理念。

④ 高频段频谱资源将更多地应用于下一代移动通信系统,但由于受到高频段无线电波穿透能力的限制,无线与有线的融合、光载无线组网等技术将被更为普遍地应用。

⑤ 可"软"配置的下一代无线网络将成为未来的重要研究方向,运营商可根据业务流量的动态变化实时调整网络资源,有效地降低网络运营的成本和能源的消耗。

5G将解决多样化应用场景下差异化性能指标带来的挑战,不同应用场景面临的性能挑战有所不同,用户体验速率、流量密度、时延、能效和连接数都可能成为不同场景的挑战性指标。从移动互联网和物联网主要应用场景、业务需求及挑战出发,可归纳出连续广域覆盖、热点高容量、低功耗大连接和低时延高可靠4个主要技术场景。

连续广域覆盖和热点高容量场景主要满足2020年以后的移动互联网业务需求,也是传统的4G主要技术场景。连续广域覆盖场景是移动通信最基本的覆盖方式,以保证用户的移动性和业务连续性为目标,为用户提供无缝的高速业务体验。该场景的主要挑战在于随时随地(包括小区边缘、高速移动等恶劣环境)为用户提供100 Mbit/s以上的用户体验速率。热点高容量场景主要面向局部热点区域,为用户提供极高的数据传输速率,满足网络极高的流量密度需求。1 Gbit/s用户体验速率、数十吉比特每秒的峰值速率和每平方千米数十太比特每秒的流量密度需求是该场景面临的主要挑战。

低功耗大连接和低时延高可靠场景主要面向物联网业务,是下一代移动通信系统新拓展的场景,重点解决传统移动通信无法很好地支持物联网及垂直行业应用的问题。低功耗大连接场景主要面向智慧城市、环境监测、智能农业、森林防火等以传感和数据采集为目标的应用场景,具有小数据包、低功耗、海量连接等特点。这类终端分布范围广、数量众多,不仅要求网络具备超千亿连接的支持能力,满足100万每平方千米的连接数密度指标要求,而且还要保证终端的超低功耗和超低成本。低时延高可靠场景主要面向车联网、工业控制等垂直行业的特殊应用需求,这类应用对时延和可靠性具有极高的指标要求,需要为用户提供毫秒级的端到端时延和接近100%的业务可靠性保证。

5G关键性能指标主要包括用户体验速率、连接数密度、端到端时延、移动性、用户峰值速率、流量密度。具体的性能指标如表5.1.1所示。

表5.1.1 5G性能指标要求

指标名称	定 义	数 值
用户体验速率	真实网络环境中,在有业务加载的情况下,用户实际可获得速率	0.1～1 Gbit/s
连接数密度	单位面积支持的各类在线设备总和	数百万每平方千米
端到端时延	对于已经建立连接的收发两端,数据包从发送端产生,到接收端正确接收的时延	数毫秒
移动性	特定移动场景下,达到的一定用户体验速率的最大移动速度	大于500 km/h
用户峰值速率	单用户理论峰值速率	数十吉比特每秒
流量密度	单位面积的平均流量	每平方千米数十太比特每秒

综上所述,下一代移动通信系统将满足2020年以后超千倍的移动数据增长需求,为用户提供光纤般的接入速率、"零"时延的使用体验、千亿设备的连接能力、超高流量密度、超高连接数密度和超高移动性等多场景的一致服务,业务及用户感知的智能优化。

5.2 5G关键技术

5G技术创新主要来源于无线技术和网络技术两方面。在无线技术领域,大规模天线阵列、高效空口多址接入、新型信道编码、同频同时全双工、终端间直通传输等技术已成为业界关注的焦点。

5.2.1 大规模天线阵列

大规模天线阵列(Massive MIMO)是 5G 中提高系统容量和频谱利用率的关键技术,它最早是由美国贝尔实验室研究人员提出的。研究发现,当小区的基站天线数目趋于无穷时,加性高斯白噪声和瑞利衰落等负面影响全都可以忽略不计,这样数据传输速率能得到极大提高。

在大规模 MIMO 系统中,基站配置大量的天线,数目通常有几十、几百,甚至几千根,高于现有 MIMO 系统天线数目的 1~2 个数量级以上,而基站所服务的用户设备数目远少于基站天线数目。基站利用同一个时频资源同时服务若干个 UE,充分发掘系统的空间自由度,从而增强了基站同时接收和发送多路不同信号的能力,大大提高了频谱利用率、数据传输的稳定性和可靠性。

与传统的 MIMO 相比,Massive MIMO 的不同之处主要在于:天线趋于很多(无穷)时,信道之间趋于正交。系统的很多性能都只与大尺度相关,而与小尺度无关。基站几百根天线的导频设计需要耗费大量时频资源,所以不能采用基于导频的信道估计方式。TDD 可以利用信道的互易性进行信道估计,不需要导频进行信道估计。

在继承传统的 MIMO 技术的基础上,利用空间分集使得 Massive MIMO 在能量效率、安全性、鲁棒性,以及频谱利用率上都有显著的提升。

5.2.2 高效空口多址接入

为了使空中接口的无线信道具有足够的信息传输承载能力,5G 必须在频域、时域和空域等已用信号承载资源的基础上,开辟或叠用其他资源。高效空口多址接入技术通过开发功率域、码域等用户信息承载资源的方法,极大地拓展了无线传输带宽,其中主要的几种候选方案包括:华为公司提出的稀疏码多址接入(Sparse Code Multiple Access,SCMA)、日本 DoCoMo 公司提出的非正交多址接入(Non-Orthogonal Multiple Access,NOMA)、大唐公司提出的图样分割多址接入(Pattern Division Multiple Access,PDMA)、中兴公司提出的多用户共享接入(Multi-User Shared Access,MUSA)。

1. 稀疏码多址接入

SCMA 是码域非正交多址接入技术。发送端将来自一个或多个用户的多个数据层,通过码域扩频和非正交叠加在同一时频资源单元中发送;接收端通过线性解扩和串行干扰删除(Serial Interference Deletion,SIC)使接收机分离出同一时频资源单元中的多个数据层。SCMA 采用低密扩频码,由于低密扩频码中有部分零元素,故码字结构具有明显的稀疏性,这也是 SCMA 技术命名的由来。这种稀疏特性的优点是可以使接收端采用复杂度较低的消息传递算法和多用户联合迭代法,从而实现近似多用户最大似然解码。

SCMA 在多址方面主要有低密度扩频和自适应正交频分多址(Filtered OFDM,F-OFDM)两项重要技术。其中低密度扩频是指频域各子载波通过码域的稀疏编码方式扩频,使其可以同频承载多个用户信号。由于各子载波间满足正交条件,所以不会产生子载波间干扰,又由于每个子载波扩频用的稀疏码本的码字稀疏,不易产生冲突,使得同频资源上的用户信号也很难相互干扰。F-OFDM 技术是指承载用户信号的资源单元的子载波带宽和 OFDM 符号时长,可以根据业务和系统的要求自适应改变,这说明系统可以根据用户业务的需求,专门开辟带宽或时长满足通信要求的资源承载区域,从而满足 5G 业务多样性和灵活性的空口要求。

2. 非正交多址接入

NOMA 是典型的仅有功率域应用的非正交多址接入技术,也是所有非正交多址接入技术中最简单的一种。NOMA 采用的是多个用户信号功率域的简单线性叠加,对现有其他成熟的多址技术和移动通信标准的影响不大,甚至可以与 4G 正交频分多址(Orthogonal Frequency Division Multiple Access,OFDMA)技术简单地结合。在 4G 系统多址接入技术中,每个时域、频域资源单元只对应一个用户信号,由于时域和频域各自采用了正交处理方案,所以确定了资源单元就确定了用户信号,确定了通信用户。即在 4G 多址技术中消除用户信号间干扰是通过频域子载波正交和在时域符号前插入循环前缀实现的。在 NOMA 技术中,虽然时域、频域资源单元对应的时域和频域可能同样采取正交方案,但因每个资源单元承载着非正交的多个用户信号,要区别同一资源单元中的不同用户,只能采用其他技术。

NOMA 技术的发送端和接收端的处理过程简单直观、易于实现,这是其最大的优点。

3. 图样分割多址接入

PDMA 是一种可以在功率域、码域、空域、频域和时域同时或选择性应用的非正交多址接入技术。它可以在时频资源单元的基础上叠加不同信号功率的用户信号,如叠加分配在不同天线端口号和扩频码上的用户信号,并能将这些承载着不同用户信号或同一用户的不同信号的资源单元用特征图样统一表述。显然,这样的等效处理将是一个复杂的过程。由于基站是通过图样叠加方式将多个用户信号叠加在一起,并通过天线发送到终端,这些叠加在一起的图样,既有功率的、天线端口号的,也有扩频码的,甚至某个用户的所有信号中叠加的图样可能是功率的、天线的和扩频码的共同组合的资源承载体,所以终端 SIC 接收机中的图样检测系统要复杂一些。

当不同用户信号或同一用户的不同信号进入 PDMA 通信系统后,PDMA 就将其分解为特定的图样映射、图样叠加和图样检测三大模块来处理。首先,发送端对系统送来的多个用户信号采用易于 SIC 接收机算法的,按照功率域、空域或码域等方式组合的特征图样进行区分,完成多用户信号与无线承载资源的图样映射;其次,基站根据小区内通信用户的特点,采用最佳方法完成对不同用户信号图样的叠加,并从天线发送出去;最后,终端接收到这些与自己关联的特征图样后,根据 SIC 算法对这些信号图样进行检测,解调出不同的用户信号。

由于 PDMA 系统中的图样包括 3 个物理量,所以理论上 PDMA 的频谱利用率和多址容量可以做到 NOMA 的 3 倍以上。

4. 多用户共享接入

MUSA 是典型的码域非正交多址接入技术。相比 NOMA,MUSA 的技术性更高,编码更复杂。与 NOMA 技术相反的是,MUSA 技术主要应用于上行链路。在上行链路中,

MUSA 技术充分利用终端用户因距离基站的距离不同而引起的发射功率的差异,在发射端使用非正交复数扩频序列编码对用户信息进行调制,在接收端使用串行干扰消除算法的 SIC 技术滤除干扰,恢复每个用户的通信信息。在 MUSA 技术中,多个用户可以共享复用相同的时域、频域和空域,在每个时域、频域资源单元上,MUSA 通过对用户信息进行扩频编码,可以显著提升系统的资源复用能力。理论表明,MUSA 算法可以将无线接入网络的过载能力提升 300% 以上,可以更好地服务 5G 时代的“万物互联”。

在终端,首先 MUSA 为每个用户分配一个码序列,并将用户数据调制符号与对应的码序列通过相关算法使它们形成可以发送的新的用户信号;其次由系统将用户信号分配到同一时域、频域资源单元上,通过天线空中信道发送出去,这中间将受到信道响应和噪声影响;最后由基站天线接收包括用户信号、信道响应和噪声在内的接收信号。在接收端,MUSA 先是将所有收到的信号根据相关技术按时域、频域和空域分类,然后将同一时域、频域和空域的所有用户按 SIC 技术分开。由于这些信号存在同频同时用户间干扰,所以系统必须根据信道响应和各用户对应的扩展序列,才能从同频同时同空域中分离出所有用户信号。

MUSA 技术为每个用户分配的不同码序列,对正交性没有要求,本质上起到了扩频效果,所以 MUSA 实际上是一种扩频技术。需要指出的是,MUSA 码序列实际上是一种低互相关性复数域星座式短序列多元码,当用户信道条件不同时,可以在一个相对宽松的环境下确定码序列,这样既能保证较大的系统容量,又能保证各用户的均衡性,可以让系统在同一时频资源上支持数倍于用户数量的高可靠接入量,以简化海量接入中的资源调度,缩短海量接入的时间。所以,MUSA 技术具有实现难度较低,系统复杂度可控,支持大量用户接入,原则上无须同步和能提升终端电池寿命等 5G 系统需求的特点,非常适合物联网应用。

MUSA 技术具有技术简单,实现难度较小,多址接入量大等优点。

5.2.3　新型信道编码

数字信号在传输中往往由于各种原因,在传送的数据流中产生误码,从而使接收端产生图像跳跃、不连续、马赛克等现象。通过信道编码这一环节,对数码流进行相应的处理,使系统具有一定的纠错能力和抗干扰能力,可极大地避免码流传送中误码的发生。误码的处理技术有纠错、交织、线性内插等。

提高数据传输效率、降低误码率是信道编码的任务。信道编码的本质是增加通信的可靠性。但信道编码会使有用的信息数据传输减少,信道编码的过程是在源数据码流中加插一些码元,从而达到在接收端进行判错和纠错的目的。在带宽固定的信道中,总的传送码率是固定的,由于信道编码增加了数据量,其结果只能是以降低传送有用信息码率为代价。将有用比特数除以总比特数就等于编码效率。不同的编码方式,其编码效率有所不同。

1. LDPC 码

低密度奇偶校验(Low-Density Parity-Check,LDPC)码是麻省理工学院 Robert Gallager 于 20 世纪 60 年代在博士论文中提出的一种具有稀疏校验矩阵的分组纠错码,几乎适用于所有的信道,因此成为编码界近年来的研究热点。它的性能逼近香农极限,且描述和实现简单,易于进行理论分析和研究。而且它译码简单且可实行并行操作,适合硬件实现。

任何一个 (n,k) 分组码,如果其信息元与监督元之间的关系是线性的,即能用一个线性方程来描述,则称为线性分组码。LDPC 码本质上是一种线性分组码,它通过一个生成矩阵 G 将信息序列映射成发送序列,也就是码字序列。

LDPC 码编码是在通信系统的发送端进行的,在接收端进行相应的译码,这样才能实现编码的纠错。LDPC 码由于其奇偶校验矩阵的稀疏性,使其存在高效的译码算法,其复杂度与码长呈线性关系,克服了分组码在码长很大时,所面临的巨大译码算法复杂度问题,使长码分组的应用成为可能。由于校验矩阵的稀疏性,使得在长码时,相距很远的信息比特参与统一校验,这使得连续的突发差错对译码的影响不大,编码算法本身就具有抗突发错误的特性。

LDPC 码的译码算法种类很多,其中大部分可以归结到信息传递(Message Propagation,MP)算法集中去。这一类译码算法由于具有良好的性能和严格的数学结构,使得译码性能的定量分析成为可能,因此特别受到关注。MP 算法中的置信传播(Belief Propagation,BP)算法是 Gallager 提出的一种软输入迭代译码算法,具有最好的性能。

LDPC 码具有很好的性能,译码也十分方便。特别是在伽罗瓦(GF)域上的非规则码,在非规则双向图中,当各变量节点与校验节点的度数选择合适时,其性能非常接近香农极限。

2. 极化(Polar)码

Polar 码于 2008 年由土耳其毕尔肯大学的 Erdal Arikan 教授首次提出,是学术界研究热点之一。2016 年 11 月 18 日,在美国内华达州里诺的 3GPP RAN1 第 87 次会议上,经过与会公司代表多轮技术讨论,国际移动通信标准化组织 3GPP 最终确定了 5G 增强移动宽带(Enhance Mobile Broadband,eMBB)场景的信道编码技术方案,其中,Polar 码为控制信道的编码方案,LDPC 码为数据信道的编码方案。

Polar 码是由 E. Arikan 基于信道极化理论提出的一种线性信道编码方法,该码字是迄今发现的唯一一类能够达到香农极限的编码方法,并且具有较低的编译码复杂度。Polar 码的核心思想就是信道极化理论,不同的信道对应的极化方法也有区别。

Polar 码的理论基础就是信道极化。信道极化包括信道组合和信道分解两部分。当组合信道的数目趋于无穷大时,则会出现极化现象:一部分信道将趋于无噪信道;另一部分则趋于全噪信道。无噪信道的传输速率将会达到信道极限容量 $I(W)$,而全噪信道的传输速率趋于零。Polar 码的编码策略正是应用了这种现象的特性,利用无噪信道传输用户有用的信息,全噪信道传输约定的信息或者不传信息。

5.2.4 同频同时全双工

同频同时全双工(Co-frequency Co-time Full Duplex,CCFD)技术是指设备的发射机和接收机占用相同的频率资源同时进行工作,使得通信双方在上下行可以在相同时间使用相同的频率,突破了现有的 FDD 和 TDD 模式,是通信节点实现双向通信的关键之一。传统双工模式主要是频分双工和时分双工,用以避免发射机信号对接收机信号在频域或时域上的干扰,而新兴的同频同时全双工技术采用干扰消除的方法,减少传统双工模式中频率或时隙资源的开销,从而达到提高频谱效率的目的。与现有的 FDD 或 TDD 模式相比,同频同时全双工技术能够将无线资源的使用效率提升近一倍,从而显著提高系统吞吐量和容量,因此成为 5G 的关键技术之一。

采用同频同时全双工无线系统,所有同频同时发射节点对于非目标接收节点都是干扰源,如图 5.2.1 所示。节点基带信号经射频调制,从发射天线发出,而接收天线正在接收来自期望信源的通信信号。由于节点发射信号和接收信号处在同一频率和同一时隙上,接收机天线的输入为本节点发射信号和来自期望信源的通信信号之和,而前者对于后者是极强的干扰,即双工干扰(Duplex Interference,DI)。消除 DI 可以有以下几种途径。

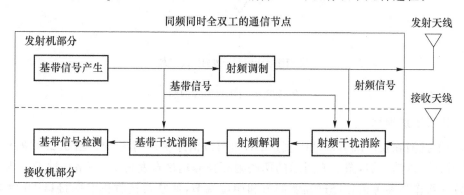

图 5.2.1　同频同时全双工节点结构图

1. 天线抑制

发射天线与接收天线在空中接口处分离,可以降低发射机信号对接收机信号的干扰。天线抑制方法包括:

① 拉远发射天线和接收天线之间的距离,采用分布式天线,增加电磁波传播的路径损耗,以降低 DI 在接收机天线处的功率;

② 直接屏蔽 DI,在发射天线和接收天线之间设置一微波屏蔽板,减少 DI 直达波在接收天线处泄漏;

③ 采用鞭式极化天线,令发射天线极化方向垂直于接收天线,有效降低直达波 DI 的接收功率;

④ 配备多发射天线,调节多发射天线的相位和幅度,使接收天线处于发射信号空间零点,以降低 DI,如图 5.2.2(a)所示的两发射天线和一接收天线的配置,其中两发射天线到接收天线的距离差为载波波长的一半,而两发射天线的信号在接收天线处幅度相同,相位相反;

⑤ 配置多接收天线,接收机采用多天线接收,使多路 DI 相互抵消,如图 5.2.2(b)所示的两接收天线和一发射天线的配置,两接收天线距发射天线的路程差为载波波长的一半,因此两个接收天线接收的 DI 之和为零。

采用天线波束赋形抑制 DI。

采用上述天线抑制的方法,一般可将 DI 降低 20～40 dB。

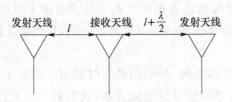

(a) 两发射天线和一接收天线方案

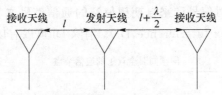

(b) 两接收天线和一发射天线方案

图 5.2.2　DI 的天线抑制

2. 射频干扰消除

　　射频干扰消除技术既可以消除直达 DI,也可以消除多径到达 DI。图 5.2.3 描述了一个典型的射频干扰消除器,图下方所示的两路射频信号均来自发射机,一路经过天线辐射发往信宿,另一路作为参考信号经过幅度调节和相位调节,使它与接收机空中接口 DI 的幅度相等,相位相反,并在合路器中实现 DI 的消除。

　　复杂射频消除器采用 OFDM 多子载波的 DI 消除方法,它将干扰分解成多个子载波,并假设每个子载波上的信道为平坦衰落。该方法先估计每个子载波上的幅值和相位,对有发射机基带信号的每个子载波进行调制,使得它们与接收信号幅度相等,相位相反;然后经混频器重构与 DI 相位相反的射频信号;最后在合路器中消除来自空口接口的 DI。DI 的射频干扰消除如图 5.2.3 所示。

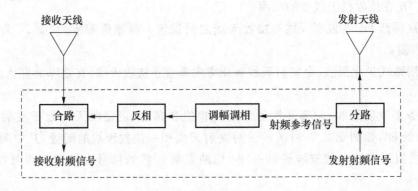

图 5.2.3　DI 的射频干扰消除

3. 数字干扰消除

　　在一个同频同时全双工通信系统中,通过空中接口泄漏到接收机天线的 DI 是直达波和多径到达波之和。射频干扰消除技术主要消除直达波;数字干扰消除技术则主要消除多径到达波。多径到达的 DI 在频域上呈现出非平坦衰落特性。

　　在数字干扰消除器中设置一个数字信道估计器和一个有限阶(FIR)数字滤波器。信道估计器用于 DI 信道参数估计；滤波器用于 DI 重构。由于滤波器多阶时延与多经信道时延具有相同的结构，将信道参数用于设置滤波器的权值，再将发射机的基带信号通过上述滤波器，即可在数字域重构经过空中接口的 DI，并实现对于该干扰的消除。

5.2.5　终端间直通传输

终端间直通传输（Device-to-Device，D2D）通信是由 3GPP 组织提出的一种在通信系统的控制下，允许 LTE 终端之间在没有基础网络设施的情况下，利用小区资源直接进行通信的新技术。它能够提升通信系统的频谱效率，在一定程度上能解决无线通信系统频谱资源匮乏的问题。与此同时，它还可以有效降低终端发射功率，减小电池消耗，延长手机续航时间。

D2D 在蜂窝系统下的模型如图 5.2.4 所示，图中左侧两个小区的通信都是基站与用户之间的传统通信形式，右侧小区中存在用户之间的通信链路，就是我们所指的 D2D 通信，阴影部分表示可能存在较大干扰的区域。

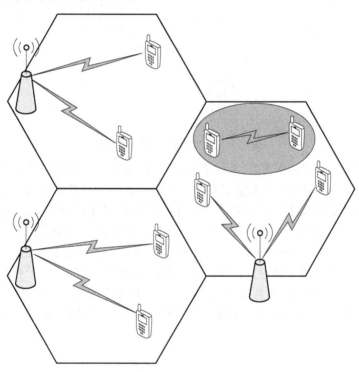

图 5.2.4　D2D 蜂窝系统模型

D2D 系统基站控制着 D2D 通信使用的资源块以及 D2D 通信设备的发送功率，以保证 D2D 通信带给小区现有通信的干扰在可接受的范围内。当网络为密集 LTE-A 网络，并且有较高网络负载时，系统同样可以给 D2D 通信分配资源。但是基站无法获知小区内进行 D2D 通信用户间通信链路的信道信息，所以基站不能直接基于用户之间的信道信息来进行资源调度。

D2D 通信在蜂窝网络中将分享小区内的资源，因此，D2D 用户将可能被分配到如下两种情况的信道资源：

① 与正在通信的蜂窝用户都相互正交的信道，即空闲资源；

② 与某一正在通信的蜂窝用户相同的信道,即复用资源。

若 D2D 通信用户分配到正交的信道资源,它不会对原来的蜂窝网络中的通信造成干扰。若 D2D 通信与蜂窝用户共享信道资源,D2D 通信将会对蜂窝链路造成干扰。干扰情况如图 5.2.5 所示,图中有两条通信链路,分别为 UE 与 eNodeB 之间的链路和两个 UE 之间的链路,虚线表示的是干扰信号,由于 D2D 用户复用了小区的资源,所以产生了一定的同频干扰。

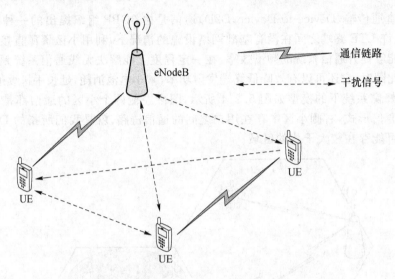

图 5.2.5　D2D 通信干扰示意图

D2D 通信复用上行链路资源时,系统中受 D2D 通信干扰的是基站,基站可通过调节 D2D 通信的发送功率以及复用的资源来控制干扰,可以将小区的功率控制信息应用到 D2D 通信的控制中。此时 D2D 通信的发送功率需要减小到一个阀值,以保证系统上行链路 SINR 大于目标 SINR,而当 D2D 通信采用系统分配的专用资源时,D2D 用户可以用最大功率发送。

D2D 通信复用下行链路资源时,系统中受 D2D 通信干扰的是下行链路的用户。而受干扰的下行用户的位置决定于基站的短期调度情况。因此受 D2D 传输干扰的用户可能是小区服务的任何用户。当 D2D 链路建立后,基站控制 D2D 传输的发送功率来保证系统小区用户的通信。合适的 D2D 发送功率控制可以通过长期观察不同功率对系统小区用户的影响来周期性确定。

习题与思考

1. 简述 5G 应满足的多样化应用场景。
2. 简述 5G 的关键性能指标要求。
3. 简述 Massive MIMO 的特点。
4. 举例说明 5G 的高效空口多址接入技术候选方案。
5. 简述 5G eMBB 场景的信道编码技术方案中 Polar 码的技术基础。
6. 简述同频同时全双工技术的概念。
7. 简述 D2D 通信的概念。